口絵1 ホンジュラスにあるマヤ・コパン遺跡のピラミッドの上に描かれた絵
祭りに興じる民衆を見下ろす王と妻たちの脇に，カカオを入れた容器がある．

口絵2 スペイン・カタルニア地方のポブレー修道院のチョコレートの間にある絵（→10頁）

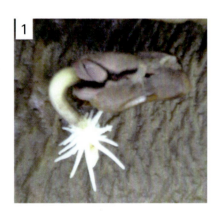

口絵3 カカオ豆の発芽
カカオ豆は双葉が展開して光合成を始めるまで，胚乳に蓄えられた脂質（ココアバター），糖質，タンパク質などを栄養源として成長する．1. 発根，2. 発芽，3. 茎が成長，4. 豆の残滓（矢印）．

口絵4　カカオの花

口絵5　カカオ農園

口絵6　カカオ豆（上）とシェル（左），ニブ（右）

未発酵豆

未発酵から半発酵豆

半発酵豆

半発酵から良発酵豆

良発酵豆

口絵9　カットテストの判断基準

口絵7　カカオポッドの中身（豆が白いパルプに包まれている）

口絵8　生カカオ豆のカットテスト

食物と健康の科学シリーズ

チョコレートの科学

大澤俊彦
木村修一
古谷野哲夫
佐藤清隆
………………［著］

朝倉書店

はじめに

　チョコレートに関するジョークに,「世界中のどこへ行っても,10人に『チョコレートが好きか』と聞くと,9人が『イエス』という.『ノー』という1人は,ウソをついているのさ」というのがある.
　一方で,チョコレートが16世紀にメソアメリカから世界中に広まって現代にいたるまで,しばしば「チョコレートは体に良いのか悪いのか」という問いが投げかけられる.実はこの2つは,チョコレートに関する人々の考えを象徴している.すなわち,「チョコレートは文句なくおいしい.だけど,体にとって良くないこともあるんじゃないか」というものだ.
　世の中にはあふれるほど多くの種類のお菓子があるが,このように複雑な反応が示されるのは,チョコレートに特有のことと思われる.
　実は,本書の執筆の動機の1つは,おいしさの点からもヒトの健康の増進の点からも,チョコレートがいかに優れた食べ物であるかを示すことである.そのために,栄養学,食品物理学,および製造技術の立場からチョコレートの健康効果とおいしさの発現に関する最新の研究成果をまとめることを試みた.
　第1章では古代から近代にいたるまでのチョコレートの歴史を概観し,第2章では熱帯雨林におけるカカオ豆の生産からチョコレートを製造するまでの一連の技術を整理した.第3章ではチョコレートに含まれる脂質や機能性成分の栄養と生理機能に関する最新の研究成果を紹介し,第4章ではチョコレートのおいしさを決める多くの要因を解き明かす試みを行った.
　16世紀にメソアメリカの人々に接したスペイン人たちは,先住民の中でも高貴な人々が「不老長寿の薬」と信じてカカオを飲んでいることを,驚きをもって報告している.またスウェーデンの「植物分類学の父」と呼ばれるカール・フォン・リンネは,カカオの木に「神の食べ物」という学名を与えた.もちろん著者らがカカオを「不老長寿の薬」と考えているわけではないが,現代科学

の眼で精査してみると，彼らがカカオに込めた思いはあながち的外れではないと言えるのではないだろうか．

　第1章の冒頭で述べるように，我が国のチョコレートの1人当たりの消費量はヨーロッパ諸国の半分以下である．このことは，我が国のチョコレートの消費がこれから大きく伸びる可能性を示している．そのために本書が役立つことになれば，著者らの望外の喜びである．

　最後に，本企画をご紹介いただき，執筆の機会をくださった香川大学名誉教授・社団法人おいしさの科学研究所理事長の山野善正先生に深甚の謝意を表する．

　2015年4月

著者一同

目　　次

1. **チョコレートの歴史** ……………………………………〔佐藤清隆〕…1
   - 1.1 カカオ豆からチョコレートまで ………………………………………3
   - 1.2 メソアメリカ時代 …………………………………………………………5
     - 1.2.1 メソアメリカの通史 …………………………………………………5
     - 1.2.2 古代メソアメリカにおけるカカオの飲み方 ……………………7
   - 1.3 ヨーロッパから世界へ ……………………………………………………9
     - 1.3.1 スペインにおけるカカオの変身 ……………………………………9
     - 1.3.2 世界へ広がるカカオとその凋落 …………………………………10
     - 1.3.3 19世紀の四大発明 ……………………………………………………13
     - 1.3.4 テンパリングの不思議 ………………………………………………20

2. **チョコレートの製造** ……………………………………〔古谷野哲夫〕…23
   - 2.1 成　　分 ……………………………………………………………………23
   - 2.2 カカオ豆の生産 …………………………………………………………24
     - 2.2.1 カカオ品種と苗木の作成 ……………………………………………25
     - 2.2.2 カカオ木の育成 ………………………………………………………28
     - 2.2.3 カカオ花 ………………………………………………………………30
     - 2.2.4 ポッドの成長 …………………………………………………………31
     - 2.2.5 カカオ豆発酵 …………………………………………………………33
     - 2.2.6 カカオ豆乾燥 …………………………………………………………39
     - 2.2.7 カカオ豆の貯蔵と輸送 ………………………………………………40
   - 2.3 カカオマスの製造 ………………………………………………………41
     - 2.3.1 カカオ豆の受け入れ …………………………………………………42
     - 2.3.2 カカオ豆のロースト …………………………………………………43

2.3.3　ウィノーイング··47
　2.3.4　ニブの粉砕··48
　2.3.5　カカオマス処理··49
2.4　チョコレート生地の製造··50
　2.4.1　チョコレート生地の種類··50
　2.4.2　原料混合··52
　2.4.3　レファイナー··52
　2.4.4　コンチング··55
　2.4.5　その他のチョコレート生地製造方法························59
2.5　チョコレート成型··61
　2.5.1　チョコレート生地のテンパリング···························61
　2.5.2　チョコレート生地の流動特性································65
　2.5.3　モールド成型··66
　2.5.4　エンローバーチョコレート····································70
　2.5.5　チョコボール··72
　2.5.6　その他の製法··72

3. チョコレートの栄養と生理機能··75
3.1　栄養学の分野からみたチョコレート···············〔木村修一〕···75
3.2　カカオマス画分··77
　3.2.1　カカオ・ポリフェノールの口腔内衛生改善効果··········78
　3.2.2　ココアの消化管病原細菌抑制効果····························79
　3.2.3　カカオポリフェノールのがん抑制, 免疫機能への影響······80
　3.2.4　カカオポリフェノールの生体内動態·························80
　3.2.5　チョコレートはミネラルの宝庫································81
　3.2.6　カカオマスの機能はアンチエイジングにも関係する？······82
3.3　チョコレートの脂質画分（ココアバター）······················82
　3.3.1　チョコレートは高エネルギー食品か？······················83
　3.3.2　チョコレートによる肥満は本当か？························85

3.4 チョコレートの砂糖画分 ……………………………………… 87
3.5 チョコレートの持つ機能性研究の足跡 ……………〔大澤俊彦〕… 90
　3.5.1 機能性食品研究の夜明け ……………………………… 91
　3.5.2 今なぜ「チョコレート」に注目？ …………………… 94
　3.5.3 チョコレート摂取による糖尿病予防と血圧低下作用への期待 … 96
　3.5.4 チョコレートのヒト臨床研究でのメタアナリシス ……… 100
　3.5.5 活性酸素障害に対する抗酸化物質の役割 …………… 102
　3.5.6 カカオポリフェノールの機能性 ……………………… 105
　3.5.7 メチルキサンチンの機能性 …………………………… 122

4. チョコレートのおいしさ ………………〔佐藤清隆・古谷野哲夫〕… 127
4.1 チョコレートのおいしさを決める要因 ……………………… 128
　4.1.1 カカオ豆 ………………………………………………… 129
　4.1.2 砂糖と粉乳 ……………………………………………… 133
　4.1.3 製造工程 ………………………………………………… 134
　4.1.4 摂取条件 ………………………………………………… 135
4.2 チョコレートの微細構造と「ブルーム」 …………………… 137
　4.2.1 チョコレートはナノメートル・レベルの複合構造体 … 137
　4.2.2 ブルーム現象 …………………………………………… 138

索　引 ……………………………………………………………… 149

1 チョコレートの歴史

チョコレートは,「お菓子の王様」といわれている. 室温では硬いが口に入れるとスーッと融け, 口いっぱいに甘さと苦さとまろやかな香りが広がるこのお菓子は, 世界中で多くの人々を魅了している.

国際的に比較すると, 日本のチョコレートの消費量は大変に少ない. 2012年の1年間の消費量についての国際菓子協会・欧州製菓協会のデータによれば, 日本人は1人あたり1.9kgで, 最近10年間でほとんど変わらない. ところが海外では, ドイツ11.7kg, スイス10.6kg, イギリス8.7kg, デンマーク8.0kg, フランス6.6kg, ベルギー4.5kgである. つまり, 日本人は, チョコレートをヨーロッパの人々の半分以下しか食べていない.

昔から「チョコレートを食べると太る, 鼻血が出る, 虫歯になる, ニキビができる」といわれているが, これらはすべてナンセンスである. もちろん食べすぎは禁物だが, 適度な量を食べたときに, 他の甘いお菓子に比べてチョコレートだけが上記の問題を起こすという科学的根拠はない. 逆に, 第3章で解説するように, 最近はチョコレートの健康効果が脚光を浴びている.

2012年に, アメリカの医学雑誌の『ザ・ニュー・イングランド・ジャーナル・オブ・メディスン』に大変面白い記事が載った. そこでコロンビア大学のメッセルリは, 1人あたり1年で食べるチョコレートの量と, 人口1000万人あたりのノーベル賞受賞者の数を国別に比較した結果, 2つの数字が比例していることを示した（主要国だけを図1.1に示す）(Messerli, 2012).

チョコレートを多く食べるスイスは, 人口あたりのノーベル賞受賞者数ではトップである. 図1.1で, 比例関係から上側に大きくはずれる国がスウェーデンである. その論文でメッセルリは, スウェーデンが意図的に授賞者を増やし

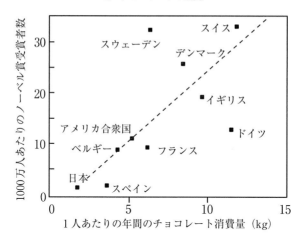

図 1.1 主要国のチョコレート消費量とノーベル賞受賞者数

たか,スウェーデン人が並はずれてチョコレートの認知効果に敏感であるかのどちらかであろうとしている.

　もちろん,脳科学者であるメッセルリは,「チョコレートを食べればノーベル賞がとれる」といいたいのではなく,チョコレートに含まれるポリフェノールなどが脳の機能,とりわけ認知機能にプラスの効果があるという最新の研究成果をわかりやすく紹介したいと考えて,チョコレートの摂取量と人口あたりのノーベル賞受賞者の数を調べたら,ぴったりその意図にあてはまる結果が得られたということである.

　図 1.1 をみると,チョコレートをたくさん食べればノーベル賞を多く受賞できるようにみえる.しかしよく考えると,「ノーベル賞を獲得した人がどれだけチョコレートを食べていたか」を調べるべきである.したがって,この結果を,チョコレートのような嗜好品を食べることのできる「豊かな社会」においては,教育や研究開発へ投資する余裕があり,その結果がノーベル賞の受賞者数に表れている,と解釈すべきである.すなわち,「豊かな社会」とチョコレート消費量が比例関係にあると捉えるのが正解ではないだろうか.

1.1 カカオ豆からチョコレートまで

　チョコレートの出発原料は，カカオ豆である．「飲むココア」も「食べるチョコレート」も，カカオ豆を発酵させて乾燥させたあとで，焙炒(ロースト)する(図1.2)．チョコレートの場合は，カカオ豆の皮（シェル）を取り除いた胚乳（カカオニブ）を温めて融かし，砂糖や粉乳を入れて細かく砕いたのちに，冷やして固めて食べる．ココアの場合は，磨砕したカカオニブから油脂(ココアバター)を絞り出して粉末にしたもの（ココアパウダー）に，お湯や温めたミルク，それに砂糖を入れて溶かして飲む．

　この一連の流れのなかで，乾燥まではアフリカ，東南アジア，中南米などの熱帯雨林地方で行われる．すなわち，カカオ農園でカカオの木を育て，花を咲かせてカカオの果実（カカオポッド）を作り，その中から豆を取り出してまわりについている果肉（カカオパルプ）と一緒に発酵させ，乾燥する．それを行う熱帯雨林地方が，「チョコレートの故郷」である．乾燥されたカカオ豆は工場に運ばれてローストされ，ココアとチョコレートができる．

　実は，人類とカカオの歴史を俯瞰すれば，カカオがチョコレートになったのはつい最近のことである．最初に人類がカカオ豆に出会ったのは，今から約1〜1.5万年前にアメリカ大陸に人類が到達してしばらく経過した頃と推察される．彼らは，熱帯雨林にすむ動物と同じように，カカオ豆のまわりにへばりつ

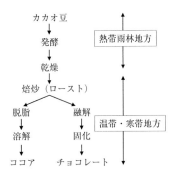

図1.2　ココアとチョコレートができるまで

> **♠ コラム1　カカオ，あるいはココア？♥**
>
> 　よく知られているように，チョコレートの名前は，メソアメリカを征服したスペインが原住民のあいだで飲まれていた高価な飲み物を，原住民の発音をもとに「カカウから作ったショコラトル」と伝えたことに由来する．その後ヨーロッパから世界に広がるあいだに，「カカウ」の発音が「ココア」に転じるなど，チョコレートにかかわるさまざまな用語が不揃いとなっている．
>
> 　木については，1753年にスウェーデンの植物学者のリンネが「テオブロマ・カカオ（*Theobroma cacao*）」の学名を与えたので「カカオの木（caca tree）」となり，カカオニブを脱脂して得られる粉末を使った飲料については「ココア」が一般的である．
>
> 　一方，豆に関してはカカオ豆ともココア豆とも呼ばれ，油はココアバターとカカオバター，粉末は「カカオパウダー」と「ココアパウダー」の両方が使われている．さらに，ミルクの入らないチョコレートについては，ブラックチョコレート，ダークチョコレート，スイートチョコレートなどの呼び方がある．
>
> 　本書では，これらの用語を統一して記述することにした．具体的には，木や豆に関してはカカオ木，カカオ豆，カカオマス，カカオニブなどとし，油はココアバター，飲料はココア，粉末はココアパウダー，ミルクの入らないチョコレートはスイートチョコレートとする．
>
> 　　　　　　　　　　　　　　　　　　　　　　　　　　　　　　［佐藤清隆］

いている甘酸っぱいカカオパルプを食べることから始めた．

　もちろん，動物たちは今でもそのようにカカオを食している．厚くて硬いカカオポッドの殻を割って豆を取り出せるのは，サルやげっ歯類（リスなど）に限られるが，ヒトもサルと同じように手でポッドの殻を割り，その中にある豆のまわりのパルプに10数%含まれている糖分を求めたのである．しかし生のカカオ豆は強烈に渋くて苦いので，動物もヒトもパルプを食べたあとで豆を捨てていた．一方，カカオの木からすれば，甘いパルプで動物を引き寄せ，豆をまき散らすことによって，自らの生存条件を有利に展開した．

　そのうち人々は，カカオパルプに含まれる糖分を発酵させればお酒（カカオ酒）ができることに気がついた．さらに彼らは，カカオ豆をローストすることや，パルプと一緒に発酵したあとでローストすることも知った．ローストによって生の豆の強烈な渋みが和らぎ，発酵により芳しい香りが生まれるのである．し

かしメソアメリカの気温は高いので，豆に含まれるココアバターが固まることはなく，今のチョコレートのように「食べる」のではなく，ローストしたカカオ豆を磨砕してトウモロコシの粉などと一緒に水に混ぜて飲んでいた．そして，その飲み物が滋養に満ちていることもわかった．それからメソアメリカの人々は，カカオ飲料を「不老長寿の飲み物」として大事に育てた．それは，今から数千年前のことと思われる．

　1492年の「コロンブスの新大陸発見」以来，ジャガイモ，トウモロコシ，トマトなどのメソアメリカや南アメリカの食料が世界中に広まって「食料革命」が起きたが，カカオもヨーロッパに渡って人々を魅了した．ヨーロッパの気温は低く，ココアバターが固まってしまうので，「温めて飲むココア」に加えて，融かしたココアバターを冷やして固めて「食べるチョコレート」を作れるようになった．

　したがって，チョコレートの歴史は「新大陸発見」以前のメソアメリカ時代と，ヨーロッパに渡って以後の時代に分けて理解することができる．

◀ 1.2　メソアメリカ時代 ▶

1.2.1　メソアメリカの通史

　メソアメリカは中央アメリカのメキシコからエルサルバドルやホンジュラスあたりまでの地域をいう．そのほとんどがカカオ栽培の北限といわれる北緯20度より南に位置している（図1.3）．メソアメリカ地方の南にはパナマ地峡を経てコロンビア，ベネズエラやブラジルが広がり，カカオの原産地といわれるアマゾン川やオリノコ川の上流域につながっている．

　メソアメリカに広がる低地帯は，年間平均気温が約25℃の熱帯雨林地域でカカオ栽培に適している．とくにユカタン半島の付け根にあるタバスコ地方は，人類最初のカカオ栽培の地といわれている．

　アフリカから移動を始めた人類は，約1万5000年前にシベリアからベーリング海峡を通ってアメリカ大陸に入り，北アメリカの海岸地方と内陸部の2つのルートを経て南下し，1万2000年前頃に中南米にたどりついた．一方，1万

1. チョコレートの歴史

図 1.3　メソアメリカ地方（直線は北緯 20 度）

年ほど前に東南アジアから南太平洋の島伝いにやってきた人々もいた．中南米の熱帯雨林に到達した彼らは，紀元前 8000 年頃から土器と農業を基盤として定住村落を発達させた．そして，トウモロコシをはじめとするさまざまな野生の種子植物や根菜植物を品種改良することによって，豊かな食料の確保に成功し，多くの人口を養うことができた．その結果として，この地域に高度な文明が発達した．その高い水準は，エジプト，メソポタミア，インダス，黄河のいわゆる「四大文明」に匹敵し，南米アンデス文明を加えて「世界六大文明」と位置づけられる．

　特筆するべきことは，中南米の先住民によって品種改良された食物の種類が豊富なことである．たとえばジャガイモ，トウモロコシ，トマトに加えて，いんげん豆，落花生，さつまいも，カボチャ，とうがらしである．彼らがサルやリスなどがカカオポッドの硬い殻を割って食べることに目をつけ，白くて甘酸っぱいカカオパルプを食べ始めるのに，それほど時間はかからなかったに違いない．

　この地域に最初に起こった文明は，オルメカ文明である（表 1.1）．人類最古のカカオ酒作りの痕跡のある壺がホンジュラスで発見されたが（Henderson

表 1.1 マヤ・アステカ周辺の通史

年		アステカ周辺	マヤ周辺
B.C.	1200	オルメカ文明	
	800		オルメカの影響が広がる
	600		マヤ文明が始まる
	300	オルメカ文明が衰退	
	100	テオティワカンの建設	
A.D.	0		マヤの石碑が建立
	200		大型建築物が建立
	400	テオティワカン興隆	
	700	テオティワカン滅亡	
	1300	アステカ族が侵入	
	1400	アステカ文明興隆	マヤ文明が衰退
	1492	コロンブスが到達	
	1521	アステカ王国滅亡	スペイン人による征服

et al., 2007),この壺が作られたのは紀元前1100年頃である.その時代のホンジュラスはオルメカ文明の影響下にあったので,当時からカカオ酒が飲まれていたことになる.

紀元前300年頃に,オルメカ文明に替わってテオティワカン文明とマヤ文明が興った.マヤ文明はさまざまな都市国家の集合で,紀元後4世紀から栄えた多くの都市国家は,10世紀頃にユカタン半島地域を除いて衰退する.1300年頃にメキシコの中部高原地帯から侵入したアステカ族は,今のメキシコシティに首都を定め中央集権国家を建設した.モクテスマ2世の時代には強大な王国が築かれていたが,1521年にスペインから遠征したヘルナン・コルテスたちによって征服された.

これらのメソアメリカ文明を支えた主食がトウモロコシで,カカオ飲料はこのトウモロコシと深くつながっていた.

1.2.2 古代メソアメリカにおけるカカオの飲み方

カカオは,神に祈る儀式,収穫の祭,誕生・洗礼・結婚の儀式などで飲まれた.焙炒したカカオをすりつぶして水を加え,それにトウモロコシやトウガラシ,アチョテという食紅を加え,冷やすか常温で飲んでいた.砂糖は古代のメソアメリカにはなかったので,甘くするには蜂蜜などを使うしかないが,それ

♠ コラム 2　古代のカカオ酒を入れた壺 ♥

　2007 年にアメリカ・コーネル大学人類学教室のヘンダーソンらは，メソアメリカのホンジュラス北部のウルア渓谷の低地にある村で古代の壺を発見した（図参照）．その壺が作られたのは紀元前 1100 年頃と推定されたが，壺の中からテオブロミンとカフェインが検出された．

　テオブロミンとカフェインは，カカオパルプとカカオ豆の両方に含まれているので，壺からみつかった成分がどちらに起因するのかは決定できない．ヘンダーソンらは，この壺がカカオを発酵させた飲料の容器であるという仮説を立てている．その大きな根拠が首の長い容器の形である．

　この時代よりも比較的新しい時代に作られた容器では，注ぎ口のある張り出した首のついた壺がみつかっており，それはメソアメリカで飲まれていた，カカオ豆やトウモロコシを磨砕して水と混ぜ，高所から容器に落としたり，激しく撹拌して泡立てたカカオ飲料を入れた容器と思われる．

　しかし，ヘンダーソンらが発見した壺は泡を注ぐのには適していないので，カカオパルプから作ったアルコール飲料を注いだものと推測された．さらに，図の容器には，後の時代でカカオ飲料に加えた蜂蜜や唐辛子（カプサイシン）がみつかっていないことも，パルプ由来の発酵飲料という仮説を支持している．

　ヘンダーソンらの発見は，人類がカカオを最初に食したのは，カカオ豆を用いて作るアルコールを含まない泡立てた飲料ではなく，カカオパルプを発酵させた飲料であることを示している．

[佐藤清隆]

は稀であったと思われる.

コロンブス以後に続々と到来したスペイン人たちの影響や,カリブ海の島々における砂糖の生産量が増加するとともに,シナモンやバニラ,砂糖を入れるなど,カカオの飲み方が時代とともに変わっていった.

古代メソアメリカではカカオはきわめて貴重で,王や貴族などの高貴な人々や戦士しか飲めなかった.その理由として,カカオ豆の供給量が少なかったこと,カカオに栄養効果や薬理効果だけでなく,強精剤としての効能を求めたこと,アチョテや唐辛子を入れて血の象徴として飲んだことなどがある.

カカオ豆は,メソアメリカで貨幣としても使われていた.カカオ豆の貨幣価値は時代や地域で異なるが,1545年のメキシコの文書によれば「七面鳥は雌が100粒,雄が200粒」であったという.メソアメリカには旧大陸のようなニワトリ,ウシやブタはいなかったため,七面鳥は重要な家禽であった.

カカオ豆は,貨幣としてのみならず,貢納・交易品としても使われた.綿,ジャガーの皮などとともにカカオ豆が低地から高地へ貢納され,メソアメリカで崇められた神聖な鳥,ケツァルの羽根や翡翠や鉱石が高地から低地へ貢納された.

◆ 1.3 ヨーロッパから世界へ ◆

1.3.1 スペインにおけるカカオの変身

ヨーロッパにおいて,カカオは最初に新大陸を統治するスペインに入った.それからカカオの飲み方が改良されて,「新大陸の珍奇な飲み物」から,砂糖やバニラなどを入れた「芳醇な香りのする甘い飲み物」に変身した.その結果,カカオはスペイン宮廷の人々を虜にした.

はじめてスペインでカカオが調理された場所は,スペイン・アラゴン地方の町,サラゴサの南にあるピエドラ修道院である.この修道院は大きな岩場に囲まれた地域に建っているが,ここの記録によれば,1534年にはじめてここでカカオが調理された.それは,エルナン・コルテスがメソアメリカからスペイン宮廷にカカオを献上してから10年も経っていない.現在は,ピエドラ修道

図 1.4 カカオの入った容器をささげる修道士の絵（ポブレー修道院の「チョコレートの間」）

院跡は観光地となり，チョコレートの歴史が展示されている．

ピエドラ以外にも，カカオを調理した修道院がある．その1つがバルセロナから車で1時間ほど西にあるカタルニアの町，タラゴナ郊外のポブレー修道院である．2つの修道院はいずれもシトー会派によって建造されたが，12世紀はじめにこの地からイスラム勢力を追い出し，1137年にカタルニアとアラゴンが連合王国を作った勢いで建立された．シトー会派修道院のルートで，カカオがフランスやベルギー（当時はスペインの植民地）にも伝わったとされている．

ポブレー修道院の「チョコレートの間」には，器に入れたカカオをささげ持つ修道士の絵がかかっている（図1.4）．この絵の右上に書かれているラテン語は，『旧約聖書』のなかの「出エジプト記」に出てくる一節で，直訳すると「壺を1つ取って，それにマンナを入れ，主のみまえに置いてあなたたちの子孫のために保存しなさい」．マンナは，『旧約聖書』に出てくる現存していない食べ物の名前である．

1.3.2 世界へ広がるカカオとその凋落

当初はスペインに封じ込められていたカカオであるが，商人や修道士などを通じて他の国にも漏れ伝わった．しかし，17世紀にはスペイン王室とフラン

♠ コラム3　スペイン宮廷におけるカカオ飲料 ♥

　スペイン・カタルニア州の首都, バルセロナにある陶器博物館には, 17世紀頃のスペイン宮廷でいかにしてカカオ飲料が飲まれていたかを示すタイル絵がある (写真左はその一部). 男性貴族たちがカカオを作り, 写真にはないが, タイル絵ではその左上に描かれている着飾った淑女たちに運んでいる様子が描かれている.

　タイル絵の下の皿の上には, 温めながらカカオ豆を磨砕し, その後に冷やして固めたたくさんのカカオマスの塊がみえる. その横では, 男性が, お湯を入れた器の上に置かれたカカオ飲料を調合する壺の入り口から, 棒を差し込んで回転させているが, その目的は, カカオ飲料を泡立てるためである. メソアメリカの先住民もカカオを泡立てて飲んでおり, そのために高所から落とすなどの工夫をしていたが, スペイン人たちはそのための攪拌棒 (モリニーヨという) を発明した.

　モリニーヨによるカカオ飲料の攪拌は現在でも行われており, 写真右にはメキシコで筆者が買ってきた木製の容器とモリニーヨを示す.　　　　　[佐藤清隆]

ス王室の間の「政略結婚」によって, 堂々とカカオがフランスに広まった. フランス王家 (ブルボン家) に輿入れしたアンナ (ルイ13世の妃) もマリア (ルイ14世の妃) も大のカカオ好きで, 多くの菓子職人をルーヴル宮殿や, 1682年に建てられたヴェルサイユ宮殿に連れてきた. そのために, フランスの宮廷にバニラと砂糖がたっぷり入ったカカオ飲料が広まった. こうなれば, フランスを中心にヨーロッパ各国の宮廷や上流社会にカカオが広まるのは時間の問題であった.

1753年にスウェーデンの貴族で植物学者のリンネが，カカオの木に「テオブロマ（神の食べ物）」という学名を与えたが，その理由は，彼が好んだカカオに自ら命名したという説と，17世紀末にフランスの医者が，「ネクター（ギリシア神話の酒）よりもアンブロアジー（オリュンポスの不死の薬）よりも，チョコレートこそが神の食べ物である」と書いたことを知ったため，という説がある．

18世紀頃になると，カカオは一般市民にも広がる．やがてカカオの「ライバル」としてコーヒーとお茶（紅茶）がヨーロッパに伝わるが，時代が進むにつれて，コーヒーやお茶に嗜好品の主役を奪われてカカオの凋落が始まった．

その最大の理由は，カカオの場合，注文してから飲めるまでに時間がかかりすぎることである．お茶やコーヒーは，茶葉やローストしたコーヒー豆に熱湯を注ぐだけでできるので，注文して10分くらいで飲める．これに対してカカオの場合は，ローストした豆を磨砕することから始めるので，注文して飲めるまで30分は必要である．時間がありあまり，調理する召使いを抱える貴族層の場合はともかく，一般市民にとっては，カカオとお茶・コーヒーのあいだの時間と労力の差は大きい．

かくして市民レベルでは「飲みにくいカカオ」は敬遠され，19世紀初期にはほとんどコーヒーとお茶に主役を奪われる事態となっていた．そこでカカオに求められたのは，コーヒーやお茶のように，保存や運搬しやすいようにコンパクトにまとめ，お湯を注ぐだけで飲める「カカオ粉末」を作ることであった．しかし，すりつぶしたカカオはヨーロッパでは気温が低いのですぐに固まってしまう．また，それを温めても，融けたココアバターは油なので粘り気が強く，水分のように蒸発しないので，すりつぶしたカカオニブの中から細かいカカオ粉末だけを取り出すのは至難の技であった．

それを成し遂げたのが，1828年のオランダのファン・ハウトゥン（一般にはヴァン・ホウテンと呼ばれるが，ここではオランダ読みとする）による「カカオの脱脂技術の発明」である．その直後に，「食べるチョコレート」も発明され，ミルクチョコレートの発明とコンチング技術を含めた「19世紀の四大発明」により「飲むココア」から「食べるチョコレート」の時代を迎えた．

1.3.3 19世紀の四大発明

a. カカオの脱脂技術

1828年に，カスパルスとクーンラートのファン・ハウトゥン親子により，作りやすく，飲みやすく，また消化のよいココア飲料ができあがった．そのため，ヨーロッパ中でファン・ハウトゥンのココア飲料が販売された．

父親のカスパルスは，ローストした豆の中のカカオニブを磨砕して融かしたカカオマスからココアバターを搾り出し，全体の55%を占めるココアバターの一部を分離する技術（脱脂技術）を発明した．その当時は，ドロドロに融けた粘っこいカカオマスの中から，細かい粒でできたココアパウダーを取り出せるとは，誰も思っていなかった．しかし彼は，融けたカカオマスに圧力を加え，それを布で濾して，ココアバターの量を半分以下に減らして，ココアパウダーを取り出すことに成功した．

オランダのウェースプ市にある博物館に保管されているファン・ハウトゥン親子の資料によれば，最初に彼らは人力を使って圧力をかけた（図1.5）．図では，16人が真ん中の太い棒に取り付けた4本（両側を入れれば8本）の鉄の棒につかまって圧力を加えている．一人ひとりが手前の棒を押すだけでなく，肩の紐で後ろの棒も引っ張っている．この部屋の下の階に，真ん中の棒に集中された圧力で，カカオマスからココアバターを搾り出す装置がある．

図1.5　ココアバターを絞っている図（ウェースプ博物館）

ファン・ハウトゥンたちは，その後は風車の力を借り，1850年にココアパウダーの本格的な生産を始めたときには蒸気エンジンを使った．

息子のクーンラートは，現在のココアパウダー製造技術で「ダッチ・プロセス」と呼ばれている「アルカリ化」を発明した．これには3つの重要な役割がある．第一は，「中和」である．カカオマスは発酵したカカオ豆を原料として作られるが，発酵によって生じる酢酸や乳酸を中和すれば酸味を抑制できる．第二の役割は，色調の変化である．第三の役割が，ココアパウダーを水やミルクへ溶けやすくすることである．

ファン・ハウトゥン親子による脱脂操作とアルカリ化の発見により，調製が簡単で酸味が少なく，飲みやすいココア飲料が開発されたことは画期的であった．

b. 食べるチョコレート

ファン・ハウトゥン親子の発明から約20年後に，イギリスの菓子職人（ジョン・フライ）が「食べるチョコレート」を作った．

フライ以前にも，磨砕して融かしたカカオマスに砂糖などを入れてそのまま固めたチョコレートが作られていた．たとえば，フランス王妃マリー・アントワネットの専属薬剤師のスルピス・ドゥボーヴは，王妃のために融かしたカカオマスを固めた「王妃のピストル」を作った（ピストルとは，18世紀スペインの黄金のコイン）．このチョコレートは，今でもパリのチョコレート店のドゥボーヴ・エ・ガレの人気商品であるが，マリー・アントワネットの時代にそれを作るためには，高粘度のカカオマスを無理やり型に流し込まなければならず，大量生産はできなかった．

ジョン・フライの画期的な方法は，カカオマスと砂糖にココアバターを追加したことである．図1.6に示すように，カカオニブを融かして，そこに細かく粉砕した砂糖を加えてダークチョコレートを作ると，融けたココアバターの油が褐色のカカオマスや砂糖の粒子のまわりに吸着する．カカオニブに含まれるココアバターだけでは，固体粒子の表面に吸着するココアバターの量が足りないので，融かしても流動性を示さず，固くて壊れやすい塊となるだけである．そうなると，板チョコを作るために型に流し込むことはできないし，口どけも

1.3 ヨーロッパから世界へ

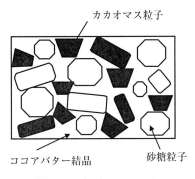

図 1.6 スイートチョコレート

悪い．しかし，そこにココアバターを添加すれば，すべての固体粒子が油脂で覆われて流れやすくなるので，型に流し込んで成型することが可能となり，口の中で滑らかに融けるようになる．

これが，現在のわれわれが知っている板チョコレートの原型である．つまり，ジョン・フライによる「食べるチョコレート」の発明は，ファン・ハウトゥンが確立したココアバターの抽出技術があって，はじめて実現したのである．

c. ミルクチョコレートの誕生

スイス人の発明好きは，チョコレートの技術革新に大きく貢献した．1826年にはフィリップ・スシャールがヌーシャテル湖近くの町に工場を開いた．彼は，熱した花崗岩製の板の上で，おなじく花崗岩でできたローラーを転がして，砂糖とカカオマスを撹拌するミキサーの開発に成功した．また，1850年代にコーラーがヘーゼルナッツ入りのチョコレートを作った．

一方，蝋燭職人だったダニエル・ペーターがミルクチョコレートを作った．彼はランプの発明をみて蝋燭に見切りをつけてチョコレート職人に転身し，1867年にヴヴェイにチョコレート工場を作った．当時はミルクの入らないスイートチョコレートしかなかったが，甘口を好むスイス人にはあまり好かれていなかった．そこでペーターは，チョコレートの舌触りと味をやさしい風味に改良しようと，いろいろな材料を使って実験を重ねた．8年間の研究の結果，1875年にミルクチョコレートが誕生する．

ダニエル・ペーターがミルクチョコレートを作るのに8年もかかった原因は，

♠ コラム 4　ドゥボーヴ・エ・ガレの店のチョコレート：王妃のピストル ♥

　フランスのブルボン王室の第 6 代のショコラティエだったスルピス・ドゥボーヴが 1800 年に開いたこの店は，現存するパリで最も古いチョコレート店である．それ以前の 1761 年に創業したア・ラ・メール・ド・ファミーユでもチョコレートを販売しているが，創業当時に作っていたのは砂糖漬けの果物菓子である．

　写真の中央の丸い箱にある図柄は王室ショコラティエを示すエンブレムで，中央にはブルボン家の紋章の「青地に白百合」がある．写真の左下に，マリー・アントワネットの肖像とピストルチョコレートがみえるが，丸いチョコレートの一つ一つにエンブレムがプリントされている．

　ドゥボーヴは，ルイ 16 世と王妃マリー・アントワネットの専属薬剤師であった．王妃が，「ヴェルサイユ宮殿で飲むチョコレートは，幼い頃にウィーンの宮廷で食していたものよりまずい」というので，融かしたチョコレートを丸くて薄い型に入れて固めて王妃に供したところ，王妃がいたく気に入ったのが「王妃のピストル」の始まりである．

　フランスの宮廷が革命で消滅したあとに開いたドゥボーヴの店は，パリ市民に愛され，ナポレオンも愛好した．1823 年に甥のジャン・バチスト・ガレと店を共同経営することとなり，現在に続くチョコレート店，ドゥボーヴ・エ・ガレが誕生した．現在，パリの本店はサン・ジェルマン地区のパリ第五大学のすぐ前にあるが，日本でも東京と名古屋に出店している．

［佐藤清隆］

「水と油は混ざらない」という簡単な原理である．図1.6にはミルクの入らないスイートチョコレートを示したが，ミルクチョコレートでも，連続相のココアバターの結晶の中に，カカオマスや砂糖の粒子とともに粉乳の粒子が分散している．いずれも固体で，水分は微量に含まれるだけである．次章で詳しく述べるように，いずれの場合もチョコレートの製造工程においては，チョコレートとして固める前の融解した状態ではココアバターは液体油になっているが，他の粒子は固体のままにしておかねばならない．

現代の製法では，ミルクチョコレートを作る場合は粉末ミルクを使う．その理由は，これらの粒子は水に溶ける性質を持っているので，もし温度が上がってココアバターが融けた状態で水分が加わると，そこに砂糖が溶け込んで"水飴状態"となって粘度が高くなり，ココアバターの液体と水滴とのあいだに摩擦が発生して，急激に硬くなってしまう．

さらに，融けたカカオマスに液体のミルクを入れると，油であるカカオマスは浮き，ミルクは沈んでしまう．それを均質にするためには，強力にかき混ぜなければならない．その理由は，水分が増えたときに粘度が上昇するためである．

ダニエル・ペーターは，融かしたスイートチョコレートと濃縮ミルク（コンデンスミルク）を混ぜて，水力を利用した機械で長い時間かき混ぜ，それを冷やして固めた．温めて混ぜているあいだに水分が蒸発し，ミルクの粒が細かくなってココアバターの中に閉じ込められる．それを冷やすことで，ミルクの成分がココアバターの結晶の中に分散したミルクチョコレートが誕生した．

ペーターが濃縮ミルクを使った理由は，普通のミルクを入れたのでは水分が多すぎて，ミルクの粒が油の中に閉じ込められるまで小さくなるための時間がきわめて長く，そのあいだにチョコレートの味が変化してしまうからである．

ペーターがチョコレート工場を作る1年前に設立されたアングロ・スイス練乳会社が，良質で純粋な原料から長期保存ができる濃縮ミルクを発明していたので，彼はそれを利用した．なお，ネスレ社の創業者アンリ・ネスレと，ペーターが共同でミルクチョコレートを開発したという説がある．2人とも同じヴヴェイの町にいたが，共同で作業をしたという形跡はない．ネスレ自身の仕事

は乳児用調整ミルクの製造で，チョコレートには関心を示さなかったし，粉末ミルクも作っていない．彼の死後に多くのチョコレート会社がネスレ社に吸収され，ネスレ社がミルクチョコレートを売り出したのは1904年のことである．

d. コンチングの発明

メソアメリカの人々は，カカオ豆を磨砕するのにメタテとマノを用いていた（図1.7(a)）．これらの器具はトウモロコシを挽くためのものであるが，彼らはそれをカカオの粉砕に応用したと考えられる．この磨砕の原理は，カカオがヨーロッパに伝わってからも基本的には変わらなかった．ただしヨーロッパでは気温が低いので，磨砕すると同時にココアバターが融けるように下から温める必要があった（図1.7(b)(c)）．

(a) (b)

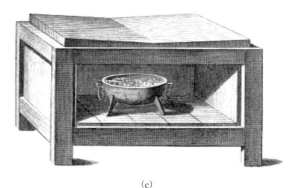

(c)

図1.7　カカオ豆を磨砕する道具
(a) メキシコの路上で売られていたメタテとマノ．(b) 1650年頃の絵．(c) ディドロ『百科全書』(1751年) より．(b)と(c)では，石の下から炭火で温めている．

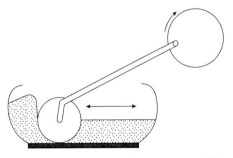

図 1.8　ルドルフ・リンツが発明したコンチング装置の概略図

　しかし，図1.7の道具を用いた方法ではカカオマスに含まれる固体粒子が大きくて，口の中に入れるとざらつき感が残り，舌触りが悪い．この欠点を改善するために考案されたのが，「コンチェ」という機械（コンチング装置）である．

　コンチェとは，その機械の形状が「コンチ貝」に似ていることからつけられたといわれる．ルドルフ・リンツによって作られた最初のコンチング装置は図1.8のような構造で，彼は融かしたチョコレートを3日間かき混ぜたといわれている．コンチングによって，融けたチョコレートに含まれる固体粒子が細かくなって舌触りが改善されるばかりでなく，刺激臭も飛散して香味もまろやかになった．

　図1.8とほとんど同じコンセプトで作られたコンチング装置は，現在でもスイスの街中にある多くのチョコレート店の店先に飾ってある（図1.9）．

　その後の技術開発によって，チョコレートの磨砕装置の性能が著しく向上したために，コンチング装置で固体粒子のサイズを調整する必要がなくなった．次章で示すように，「レファイナー」と呼ばれる鋼鉄製のローラーが導入されて固体粒子は十分に小さくなったからである．しかし現在でもコンチングは欠かせない技術であり，その詳細は次章で解説する．

　本項で述べた「チョコレートの四大発明」の原理は，現代でも生かされている．それに加えて，20世紀に入って導入された大量生産技術，フィリングを入れた「プラリネ」の開発，アイスクリームやスナック菓子にチョコレートをコーティングする技術，チョコレートの中に細かい気泡を分散する技術など，多種

図 1.9 スイスのグリュイエールのチョコレート店の店先に展示されているコンチング装置

多様なチョコレートの製造技術が開発されている．そのような現代的なチョコレート技術の進歩については本章の主題を越えるので，チョコレートの歴史を振り返るのはここまでとしたい．

ただし，一点だけ触れておきたいのが「テンパリング技術」である．

1.3.4　テンパリングの不思議

テンパリング（温度調整）の目的は，チョコレートを固めてできるココアバターの結晶を，望ましい形に調整することである．もしそれに失敗すれば，指で触っただけで融けてしまうか（氷水や低い温度で急に固めた場合），なかなか固まらないか（約 25℃ 以上で固めた場合），適当に冷やしてやっと固めてもしばらくすると表面が白くなる「ファットブルーム」が起きてしまう（第 4 章参照）．

しかし，テンパリングに成功した場合は，手で触っても融けず，口に入れれば速やかに融け，室温に放置してもファットブルームを起こさないチョコレートができる．このテンパリングは，カカオ豆を使ったチョコレートでは必ず行わなければならない．ただし，小規模のチョコレート作りでは，固める前に温度を調整しておいて，チョコレートの細かい粉を加える方法も用いられるが，その原理はココアバターの結晶を望ましい形に調整することであり，本質的にはテンパリングと変わらない．

実はチョコレートの歴史のなかで，テンパリングがいつ頃誰によって開発されたのかについての定説がない．該当する特許も学術論文もみつからないが，1936年頃にはテンパリングの機械が登場している．おそらく，最もおいしい硬さとなるチョコレートやファットブルームが起きないチョコレートをめざして，多くのチョコレート職人が工夫しているうちに，自然にテンパリングという技術に行きついたものと思われる．

ジョン・フライが1848年に「食べるチョコレート」を作ってから約100年間は，テンパリング機械なしでチョコレートを作っていたことになるが，そのあいだ，人々はどのようなチョコレートを食べていたのであろうか．

人類がメソアメリカの熱帯雨林でカカオに出会ってから，現代のチョコレートを作るまでの長い歴史を振り返ると，「豆のまわりのパルプを食べ，それをお酒にし，豆を焙炒してつぶして水と混ぜて飲み，カカオニブを磨砕・脱脂・粉末化してココア飲料を作り，カカオニブを融かして固めてチョコレートを作る」という目まぐるしい変遷があった．

これほどまでに多様な歴史を持つ食べ物はチョコレートしかないが，その歴史を貫く「一本の糸」があることに気がつく．それは「ココアバターがヒトの体温より少し低い温度以下で固まり，それ以上の温度で融ける」ということである．

ココアバターは，水分を除いてカカオ豆の栄養の半分以上を占めるので，発芽した豆が光合成を始めるまでの大事な栄養成分である．もしそれが固まればカカオの自生ができないため，カカオは熱帯でしか育たない．一方，温帯の環境ではココアバターは固まるので，「室温ではパリッと割れるが口に入れると融ける」チョコレートができあがる．チョコレートを食べてそのおいしさや健康に及ぼす効果を甘受するとき，この不思議な「一本の糸」に思いを馳せていただきたい．

本章は，佐藤清隆・古谷野哲夫『カカオとチョコレートのサイエンス・ロマン―神の食べ物の不思議』（幸書房）と，佐藤清隆『チョコレートの散歩道―

魅惑の味のルーツを求めて』（エレガントライフ）をもとにしている．

〔佐藤清隆〕

文　献

Henderson, J. S. *et al.* (2007). *Proc. Nat. Acad. Sci.*, **104**, 18937.
Messerli, F. H. (2012). *N. Engl. J. Med.*, **367**, 1562-1564.
佐藤清隆 (2013). チョコレートの散歩道－魅惑の味のルーツを求めて，エレガントライフ．
佐藤清隆・古谷野哲夫 (2011). カカオとチョコレートのサイエンス・ロマン－神の食べ物の不思議，幸書房．

2 チョコレートの製造

❖ 2.1 成　　分 ❖

　チョコレートは一般的にスイートチョコレート，ミルクチョコレートに分類される．スイートチョコレートの原料は主に，カカオマス，砂糖，ココアバター，大豆レシチン，香料であり，ミルクチョコレートはこれに粉乳類（全脂粉乳，脱脂粉乳，クリームパウダーなど）が加えられたものである．したがって，チョコレートの主原料はカカオマス，砂糖，ココアバターということができる．このような構成から，チョコレートの成分としてはカカオマスの成分を考えることが最も重要であるといえる．ここでカカオマスとは，カカオ豆をローストし種皮（シェル）を除いた胚乳部分（ニブ）をすりつぶしたものをいう．その成分の分析例を表 2.1 に示す．

　これら成分値は，カカオ品種や産地，処理方法などによって異なる．たとえばエクアドル産のカカオ豆はガーナ産と比較して油分（脂質）が低く，一方ポリフェノール値（タンニン類）は高い．しかしこのような傾向は普遍的なものではなく，同一産地でもロットにより異なることもしばしばである．その理由は複雑であるが，カカオ豆品質が変動する要因に関しては次節の「カカオ豆の生産」のなかで解説する．

　なお，一般的なチョコレートの物理的性質は以下のとおりである．
(1) 比熱 = 1.6 J/g/K
(2) 比重 = 1.25
(3) 熱伝導率 = 0.16 W/m/K

表 2.1 カカオマスの成分（日本チョコレート・ココア協会, 2012）

	ガーナ産	エクアドル産		ガーナ産	エクアドル産
タンパク質	11.6 g	12.2 g	ナトリウム	0.4 mg	1.0 mg
脂質	54.5 g	51.6 g	塩素	8 mg	9 mg
水分	1.0 g	1.2 g	硫酸根	<0.05%	<0.06%
灰分	3.2 g	3.6 g	ビタミンA効力	20 IU	20 IU
デンプン	6.1 g	6.0 g	ビタミンB_1	0.17 mg	0.18 mg
ショ糖	0.26 g	0.97 g	ビタミンB_2	0.13 mg	0.12 mg
果糖	0.06 g	0.12 g	ビタミンB_6	85 µg	70 µg
ブドウ糖	<0.05 g	<0.05 g	ビタミンC	<1 mg	<1 mg
総食物繊維*	16.9 g	15.3 g	ビタミンE	13.4 mg	12.3 mg
水溶性食物繊維	0.9 g	0.9 g	α-トコフェロール	0.8 mg	0.7 mg
不溶性食物繊維	16.0 g	14.4 g	β-トコフェロール	<0.1 mg	<0.1 mg
食物繊維**	17.2 g	16.7 g	γ-トコフェロール	12.3 mg	11.3 mg
水溶性難消化性多糖類	1.1 g	1.0 g	δ-トコフェロール	0.3 mg	0.3 mg
ヘミセルロース	4.0 g	4.2 g	ナイアシン	1.11 mg	1.19 mg
セルロース	2.7 g	2.4 g	シュウ酸	0.46 g	0.48 g
リグニン	9.4 g	9.1 g	クエン酸	0.61 g	0.55 g
リン脂質	371 mg	400 mg	リンゴ酸	0.03 g	0.04 g
β-シトステロール	86 mg	74 mg	コハク酸	0.03 g	0.03 g
トリグリセライド	54.6%	51.5%	乳酸	0.13 g	0.11 g
リン	407 mg	549 mg	酢酸	0.23 g	0.27 g
マグネシウム	315 mg	348 mg	タンニン	3.31 g	3.98 g
カルシウム	82.8 mg	89.8 mg	エピカテキン	140 mg	360 mg
鉄	7.09 mg	5.62 mg	カテキン	31 mg	95 mg
亜鉛	4.60 mg	4.98 mg	ケルセチン	1.3 mg	1.1 mg
銅	2.59 mg	2.37 mg	無水カフェイン	0.09 g	0.25 g
カリウム	925 mg	1040 mg	テオブロミン	1.3 g	1.3 g

カカオマス 100 g 中の存在量．*Prosky et al. (1988) の方法による定量値；**Southgate (1969) の方法による定量値．

2.2　カカオ豆の生産

　カカオ豆は現在，主に中南米，西アフリカ，東南アジアで生産されている．これらの場所はカカオ木の生育に適した熱帯雨林地域であり年間を通じた気温が 20～30℃，日照時間は平均 5～7 時間，年間降水量が 1500～2000 mm 以上の高温多湿地域である．カカオ豆の世界生産量はおよそ 400 万 t/年であり，生産農家は数百万軒といわれている．すなわち平均すれば，1 軒あたり 1 t/年にも満たない零細農家によってカカオ産業は支えられている．

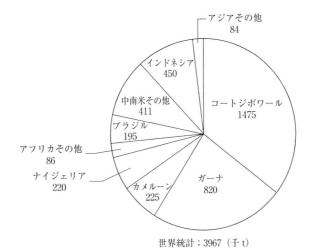

図 2.1 世界のカカオ豆生産量,国地域別 (2012/13) [千 t/年]

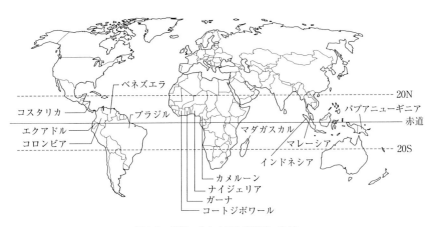

図 2.2 世界のカカオ豆生産地域,地図

2.2.1 カカオ品種と苗木の作成

カカオは従来,Sterculiaceae *Theobroma cacao* (Linnaeus)(アオギリ科テオブロマカカオ(リンネ))とされてきたが,最近の研究によってアオギリ科はアオイ科の一部であることがわかったため,アオイ科とするのが妥当との見解が示されている.

カカオ木はその種子(カカオ豆)を発芽させ,ある程度生育した苗木を畑に

植栽する方法が用いられる．しかし現在では，このような苗木（台木）に遺伝的性質の明らかな木の枝を接木（grafting）することで，期待される品質を有する木を増やす方法も多く採用されている．ここでいう品質とは多産性，病害耐性，成長の速さなどである．苗木育成場（ナーサリー）で3〜6か月育成し，樹高50 cm程度となったものを農園に移し定植する．

　カカオの品種には，代表的にはクリオロ，フォラステロ，トリニタリオの3種類があるとされている．クリオロはベネズエラ原産とされ病害に弱く，フォラステロはブラジル原産とされ病害に比較的強い．クリオロは渋味が少なくスイートチョコレート用に珍重され，一方フォラステロは渋味苦味が強くミルクチョコレート向きである．これらの特徴は生のカカオ豆をカットして胚乳部の色調を観察するとよく理解できる．クリオロは胚乳が白色をしているのに対し，フォラステロは紫色を呈する．紫色は含まれるアントシアニン類に由来するが，呈味としては渋味が強い．このように，生豆をカットすることである程度，品種の識別をすることが可能である．

　3番目のトリニタリオ種はクリオロとフォラステロの交雑種とされている．しかし現在，このようなカカオの品種が単独で存在することはなく，各品種が複雑に交配されている．それは病害耐性や収量増大を目指して農民や各国の農業団体，政府や研究機関が雑多な交雑種を作り出し，それを農家に配布した結

図2.3　カカオの発芽

2.2 カカオ豆の生産

図 2.4 接木の写真

図 2.5 ナーサリーの写真

図 2.6 カカオの品種

図2.7 生豆カット写真

果である．農家も個別に交配を繰り返しているため，実際に植わっているカカオ木がどのような遺伝形質を持っているか，誰にも正確にはわからない状態となっている．

そのため，上述したような接木によるカカオ木の増殖が，欲しい品質を得るために最も確実な方法なのである．

2.2.2 カカオ木の育成

カカオ木は，とくに幼木の段階では強い直射日光を嫌うため，農園にはあらかじめ日陰樹を準備しておく．日陰樹としてはバナナが多く用いられる．カカオ木のあいだにバナナを植えることで，適当な日陰を作りカカオを育成する(図2.8)．カカオは成長し実をつけるまでに少なくとも3年を要するので，バナナはそのあいだの農民の食料または収入源ともなる．なお，日陰樹には防風の役割もある．

カカオ木は多くの水を必要とするため，降水量が少ない地域では灌漑設備や灌水装置を設ける場合がある．農園の手入れとしてとくに重要なことには，風通しをよくするための適度な剪定と他植物の伐採がある．カカオポッドに多くみられる病気は菌類によるものであり，風通しの悪い農園で蔓延することが多いためである．また，カカオ木は常緑樹であり，その葉は常に枯死し，新たな葉が展開する．枯死した葉は地上に落下し枯葉の絨毯となるが，これは土からの水分蒸散を抑制し，土中水分を保持するために重要である．したがってカカオ農園はカカオの枯葉で埋め尽くされている場合が多い（図2.9)．

図 2.8　カカオ幼木とバナナ

図 2.9　カカオ枯葉の絨毯

　これら，カカオ農園における潤沢な水の存在には他にも重要な意味がある．それは，カカオ花の受粉に必要な小昆虫を育てるためである．小さな蚊やハエを育むための水溜りなどが必要で，これらカカオの生育が生態系のなかで行われることを如実に示している．

　カカオ木は成長すると 12〜15 m の高さになる．葉は大きいもので 30 cm ほどもある．経済的な樹齢は 25〜30 年であるが，木そのものは 100 年以上の寿命がある．

　最終的なカカオ豆の収量は 300 kg/ha〜1 t/ha である．しかし近年では 2.5 t/

ha も収穫できる改良種もある.

2.2.3 カカオ花

カカオ木には一年中,15 mm ほどの小さな花が咲く.それらは幹や枝の特定の部位(トランクと呼ばれる)に集中的に現れる.カカオ花の構造では長い仮雄蕊が特徴的で,これは自家受粉を妨げるための物理的な障害としての機能を有していると考えられている.この長い仮雄蕊の間隙は小さく,1~2 mm ほどしかないため,その中にある柱頭に花粉をとどけることができるのは,小さな虫に限られる.コスタリカにおいて,カカオの送粉者はヌカカ,タマバエであるとされる.ヌカカはマラリアを媒介するが,カカオ農園においては受粉

図 2.10 カカオ花と蕾,成長したポッド(同じ部位に多くの花が咲く)

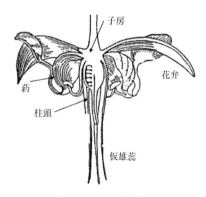

図 2.11 カカオ花の構造

のためにヌカカを駆除してはならないのである．なお，1本のカカオ木に咲く花の数は数千といわれるが，受粉して成熟したポッドにまで生育するのは数十個である．先に述べたように，カカオ農園にはこれら小昆虫を育むための生態系が整っていることが必須である．

2.2.4 ポッドの成長

受粉したカカオ花はポッドへと成長を始める．2.2.3項に述べたように，カカオ花はトランクと呼ばれる木の特定の部位に集中的に咲くので，それらが同時に受粉するとごく近接した場所でポッドへの成長が生じる．ポッドが成熟す

図 2.12 成長したカカオポッド

図 2.13 天狗巣病にかかったカカオ枝を剪定している様子

表 2.2 カカオ病害虫一覧（Beckett, 1999）

主因	害虫または病名	原因	分布	きずまたは損傷	伝染または蔓延	制御
菌類	黒果病	Phytophthora species	世界中	菌類は主にポッドを攻撃し、ポッドを茶色くさせて腐らせる	水滴中の胞子	公衆衛生（感染物質の除去）や殺菌剤の適用
菌類	魔女のほうき病（天狗巣病）	Crinipellis perniciosa	南アメリカ、カリブ海	菌類は特別な生長もしくは葉から発達するほうきを引き起こす。花やポッドにも影響を与える	風に運ばれた胞子	剪定や公衆衛生、殺菌剤の適用
菌類	水を含んだ、またはポッドの腐敗病（モニリア）	Moniliophthora roreri	ペルー、エクアドル、コロンビア、中央アメリカ	ポッドの腐敗	丈夫な胞子が風や他の要因によって運ばれてくる	公衆衛生（感染ポッドの除去）
菌類	維管束に筋がつき、根を残して枯れる病（VSD）	Oncobasidium theobromae	東南アジア、太平洋諸島	落葉と枝の髄の死	風による胞子の散乱	感染物質の定期的剪定
ウイルス	カカオ膨張シュートウイルス（CSSV）	Badnavirus	ガーナ、トーゴ、ナイジェリア	シュートの膨張または肥厚、感染した木はしばしば死ぬ	ウイルスは、いばた昆虫に運ばれてくる	感染した木の絶滅
昆虫（および菌類）	キャップシッドまたはミリド（昆虫）	さまざまな種 Distantiella theobroma, Sahlbergella singularis, Helopeltis	世界中	これらの昆虫は樹液を吸って食物を得る。これが植物組織への直接のダメージとなる。加えて、これが枝やポッドを腐らせる菌類を自由に入らせる	成虫の飛来	殺虫剤の適用
昆虫	カカオポッド穿孔蛾	Conopomorpha cramerella	東南アジア	幼虫がポッドに孔をあけて入り、豆の生長に悪影響を及ぼす	蛾は弱い昆虫	いつものポッド収穫、剪定、殺虫剤の適用

るまでには半年を要す．成熟したポッドはナイフなどを使って，丁寧に切り取られる．ポッドの付け根は，再び花の咲くトランクでもあるため，そこを傷つけないことが大切である．ポッドの多く採れる時期は主に10～2月で，この時期に収穫されるポッドをメインクロップ，これら以外の時期に収穫されるものをミッドクロップと呼ぶ．ポッドは野生の猿やリス，ネズミに狙われることもあり，またカビやウイルスなどの微生物に感染することもあるので，日常的な農園の手入れが欠かせない．とくに微生物の感染を確認した場合には，その拡大を防ぐために迅速な対応を迫られる．放置すると農園全体がダメージを受け，その年の収入を失うことにもなりかねないからである．対応の原則は，感染したポッドを除去し焼却することで，ウイルス（天狗巣病）感染では，感染した枝の根本から剪定して除去する．そして，農園の通風を改善することが必要である．黒果病（カビ），天狗巣病（ウイルス）による損害は世界中のカカオ農園で問題となっている．表2.2に代表的なカカオ病害を示した．

　カカオ豆の収量は気候や土壌，品種，樹齢などによって大きく変化する．とくに近年は気候条件の変動による収量の増減が大きな問題となっている．たとえばラニーニャ現象により中南米に多雨がもたらされると，カカオ農園の湿度が極端に高くなり，その結果モニリア（ポッドにつくカビ）が蔓延し，ポッドが腐敗してしまう．反対に旱魃（かんばつ）が起こると，多量の水を必要とするカカオ木は枯死してしまう．

2.2.5　カカオ豆発酵

　成熟したカカオポッドは手で収穫される．木の低い場所からは直接，ナイフで切り取られるが，高い場所のポッドは棒の先にナイフを付けた道具で収穫する．これらは集められ，殻を割って中身が取り出される．カカオポッドの中には果肉（パルプ）に包まれた種子（カカオ豆）が詰まっている．1つのポッド内部には数十粒のカカオ豆が入っているが，これらをパルプと一緒に取り出す．殻は利用されず廃棄される．ここで廃棄されたポッド殻は農園に放置されることが多いが，その中に雨水が溜まって蚊やハエの生育場所となっている場合がある．

図 2.14 カカオポッドを割った様子（パルプに包まれてカカオ豆が入っている）

図 2.15 カカオポッドの殻（ハエや蚊の生息場所）

　取り出されたカカオ豆はパルプとともに発酵処理に移される．カカオパルプは微生物生育にとって最適な培地である．パルプ組成の分析例を表2.3に示す．
　カカオ豆の発酵は科学的に未解明の部分が多く，いまだ研究途上にある．発酵の方法にはいくつかの種類があるが，西アフリカの零細農家では，バナナ葉でカカオ豆を包み5日〜1週間放置することで行われる（ヒープ法と呼ばれる）．このあいだ，人の手やポッドを割るために使用したナイフ，バナナ葉に常在する微生物が発酵を担う．ヒープ法以外にはボックス発酵法も一般的である．これは木箱にカカオ豆を入れ数日間放置するもので，上面にバナナ葉を敷き詰め

2.2 カカオ豆の生産

表 2.3 カカオパルプの成分（Urbansk, 1992）

パルプ成分	含有量（%）
水分	84.5
グルコース，フルクトース	10.0
ペントサン類	2.7
蔗糖	0.7
タンパク	0.6
酸	0.7
塩類	0.8
合計	100.0

図 2.16 バナナ葉で包んで発酵されるカカオ豆

図 2.17 ボックス発酵

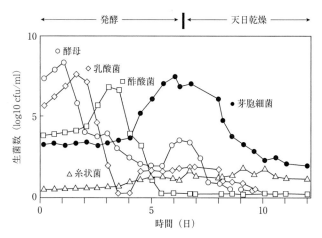

図 2.18　カカオ豆発酵中の微生物の消長（Schwan and Wheals, 2004）

ることが多い．バナナ葉の利用は微生物の供給とともに保温，または乾燥を防ぐ目的がある．ここで使用される木箱は何度も再利用されるので，種々の微生物が木箱にすみついていると考えられる．その他，小規模なカカオ農家では小さなバスケットやバケツなどで発酵を行う例もある．カカオの品種によって必要な発酵日数は異なる．

　このようなカカオ豆発酵において，微生物の繁殖は非常に複雑な消長をみせる．発酵過程の研究例を図 2.18 に示す（Schwan and Wheals, 2004）．

　発酵初期（1〜2 日）には数種類の酵母が優先的に繁殖し，エタノールを生産しペクチン分解酵素を分泌する．続いて乳酸菌・酢酸菌の出現する相に移るが，その後芽胞細菌が増殖し，最後に糸状カビが表面に現れる．このような微生物の消長には，その培地となるパルプの状態が大きく影響している．すなわち，発酵初期にはパルプがカカオ豆を完全に覆っているため，空気が入り込まず嫌気的な発酵条件となり，酵母の嫌気的発酵が起き，パルプ中の糖類からエタノールを生成する．同時に嫌気的条件下で乳酸菌も繁殖する．これらの過程でパルプが資化・分解されると，カカオ豆のあいだには空間が生じ好気的条件へと変化してゆく．生じたエタノールを基質として酢酸菌が増殖するが，酢酸を産生する過程は大きな発熱を伴う．

2.2 カカオ豆の生産

図2.19 カカオポッドから取り出された，パルプの付着したカカオ豆

表2.4 カカオ豆発酵で同定される微生物の例（Schwan and Wheals, 2004）

酵母菌	糸状菌
Saccharomyces serevisiae	Aspergillus fumigatus
Kluyvermyces marxianus	A. niger
	Fusarium moniliforme
乳酸菌	F. oxysporum
Lactobacillus plantarum	Lasiodiplodia yhebromae
L. fermentum	Mucor racemosus
Lactococcus lactis	Mucor 属
Leuconostoc mesenteroides	Paecilomyces varioti
Enterococcus	Penicillum citrinum
	P. implicatus
酢酸菌	P. spinosum
Acetobacter aceti	Thielaviopsis ethaceticus
A. pasteurianus	Trichoderma viridae

　ここで放出される熱は重要な役割を果たす．発酵中にカカオ豆は最大50°Cにも達し，カカオ豆は生じた酢酸と熱によって死滅する．その結果，カカオ豆は生命としての恒常性が失われ細胞内外の物質移動が生じる．種子内部のでんぷんやタンパク質が放出され，これらがカカオ種子の持っている酵素や微生物により加水分解を受け単糖やアミノ酸を生成する．この反応速度は温度や酸度によって決定されるが，生じた糖やアミノ酸はチョコレート工場でカカオ豆がローストされる際にマイラード反応を起こす基質となり，その結果チョコレート特有の香味を生じるのである．すなわち，カカオ豆発酵はチョコレートの香

味を決定づける最も重要なプロセスである．このようなことから，「チョコレートは発酵食品である」といっても過言ではない．

発酵の方法には，他にもビニールシートで包んで行うもの，横型の樽で行うものなどのバリエーションがあるが，産地により伝統的に行われているものである．

発酵の進行を人為的にコントロールするために，発酵前のパルプ量を減少させたり（発酵の基質量を減らす），発酵中に強制的に攪拌を行ったり（好気性発酵を導く）することがある．また，発酵箱に適当な大きさと数の空気穴を開けることがある．とくに酸味の強い東南アジア豆では生成する酢酸を抑制するために，発酵前にパルプを部分的に除去する方法が行われる場合がある．ある地域では，収穫後のポッドをすぐに割らず，数日間放置してからカカオ豆を取り出すことが行われる．これはポッドストレージと称し，保管中のパルプ水分の減少を促している．パルプ水分を減少させることで好気性発酵を促進することが目的である．

このように，カカオ豆発酵は現地の常在菌に負っており，それはチョコレート品質にとって最良の微生物である保証はない．そのため，発酵の詳細研究によって最適な菌株を接種する実験が行われている（Schwan, 1998）．選ばれた株は酵母として *Saccharomyces cerevisiae*，乳酸菌として 2 株の *Lactobacillus*（*L. lactis* と *L. plantarum*），酢酸菌として *Acetobacter aceti* であり，これらをポッドから取り出した直後のカカオ豆に接種し，殺菌した発酵箱で 7 日間発酵した．できあがったカカオ豆で作成したチョコレートは，通常の「自然発酵」品と同等の品質であったとされる．このような方法が現実的であれば，常に安定した品質のカカオ豆を得ることができ，または特殊な菌株を接種することによって特徴あるチョコレート品質を得られる可能性を示すものである．

しかし接種用の菌液を純粋培養し，活性を維持した状態でカカオ農家が保管することには大きな障害がある．これを行うためには一定の設備や教育が不可欠であるが，電気や冷蔵庫などの普及が遅れている地域では困難である．また，外部からの汚染菌を防ぐためには，ポッドを割る道具や農民の手，発酵箱などの洗浄殺菌が必要であるが，これらの条件を揃えることは現状では実現性に乏

しいと考えざるをえない.

2.2.6 カカオ豆乾燥

　発酵を終えたカカオ豆は乾燥しなければならない．その後の保管，輸送のためには水分8%以下であることが必要で，それ以上では腐敗したりカビが繁殖してしまうリスクが生じる．しかし水分6%以下のような過乾燥も好ましくない．それはカカオ豆が非常に壊れやすくなるためで，その後の処理に問題を生じるからである．

　カカオ豆の乾燥は主に天日により行われる．カカオ豆はマットや木製トレー，ザルなどに載せられ，またはコンクリート製のパティオやビニールシート上で乾燥される．晴天時での乾燥には約1週間を要するが，乾燥により水分が十分に低下するまでのあいだにも発酵が進行することに注意が必要である．図2.18では6.5日目以降に乾燥処理が始まっているが，10日目頃まで各種微生物の消長が認められる．天日乾燥は自然任せであるため，悪天候の場合には乾燥が進まず長時間を要することとなる．これは最終的なカカオ豆品質にも影響を及ぼすので他の乾燥方法が用いられることもある．それは燃料（木材や石油など）を燃焼させて発生する熱を利用するもので，天候に左右されない利点がある．しかしこの方法は，乾燥機を設置し燃料費を要する上，燃焼熱を間接的にカカ

図2.20　カカオ豆の天日乾燥

オ豆に伝熱しなければカカオ豆が異臭を吸着するという問題を生じる（煙臭など）．吸着した煙臭などは後の処理で取り除くことができず，カカオ豆品質を著しく劣化させることとなる．また，高温の空気で強制乾燥すると，カカオ豆外周部のみが速く乾燥し硬化するため，豆内部からの水分蒸発が妨げられる場合もある．発酵により生成した酢酸は，水分蒸発時に共沸現象によって部分的に揮発するが，強制乾燥ではカカオ豆内部により多くの酢酸が残存することが多い．

このように，カカオ豆の発酵と乾燥は最終的なチョコレート品質にとってきわめて重要な処理であるが，その科学的解明は不十分であり，さらにそれぞれの産地の不安定な手法や天候に任せているため根本的な品質変動要素を内包しているといえる．発酵方法は農家ごとに異なるといっても過言ではない状況である．さらに残留農薬問題なども含め，チョコレート産業はこのような産地の不安定要素を解決しなければならない問題に直面している．チョコレートメーカーには現在，産地での直接的な農業指導，カカオ豆処理指導などの積極的な関与が求められている．

2.2.7 カカオ豆の貯蔵と輸送

カカオ豆は乾燥し壊れやすく脂肪分が多いために，容易に水分を吸収し，また周囲の香気を吸着する．これにより虫やカビが繁殖しやすく異臭が付着するので十分な注意が必要である．

適切に乾燥されたカカオ豆は，通常麻袋（内容量 60～65 kg 程度）に詰められ，燻蒸後コンテナに収納されて産地国から世界各地へ輸出される．西アフリカからヨーロッパへの輸送では比較的距離が近いためにバラ積み船で運搬されることもある．カカオ豆の輸出先は主に温帯地方の国々である．熱帯の輸出元から船で温帯へ輸送する際には大きな課題がある．それはカカオ豆収穫の時期が主に北半球の冬にあたるからで，熱帯で暖められたコンテナが温帯に近づくにつれ次第に冷却される点にある．コンテナ温度が低下し，露点を下回るとコンテナ内部に結露を生じる．仮にコンテナに 20 t のカカオ豆が積載され，そ

図 2.21 カカオ豆の輸送

の 1% の水分が結露により凝縮するとすれば，200 kg の水がコンテナ内でシャワーとなってカカオ豆に降り注ぐこととなり，水濡れダメージを起こしてしまう．これはカカオ豆にカビを発生させ品質低下を招くこととなる．このような問題を回避するために，コンテナ内への吸水剤の設置や空調設備付きのコンテナを用いることもあるが，水濡れ事故は完全には解決されていない．西アフリカから日本への輸送では，赤道を 2 回通過することとなり，コンテナでの水濡れ問題はより深刻である．

2.3 カカオマスの製造

　チョコレートの原料となるカカオマスは輸入されたカカオ豆を処理して得られる．カカオマスは最終的なチョコレート品質を決定する最重要な原料であり，これを得るための工程や条件は各チョコレートメーカーの最高機密である．それゆえ，チョコレートの香味はメーカーごとに異なり，各メーカー独特の品質になるのである．しかし海外など他社で製造されたカカオマスを輸入し，これを原料としてチョコレートを製造することも一部では行われている．これは特殊な品質を求める場合やごく少量の使用の場合，またはコスト面などの理由によるが，チョコレートメーカーにとってはカカオ豆を出発原料としてチョコ

レートを製造することが何より重要な技術であることは疑う余地がない.

本節ではカカオ豆の受け入れからカカオ豆処理について工程順に解説する.

2.3.1 カカオ豆の受け入れ

産地国から輸入されたカカオ豆は工場に到着し,麻袋から取り出される.最初に行われる工程はカカオ豆の「クリーニング」である.クリーニングとはカカオ豆に混入している異物(ポッド殻,石など)を除去する工程で,風選や比重選別,マグネットによる磁性金属除去などによって行われる.これらの異物

図 2.22 麻袋に入ったカカオ豆

♠ コラム 5　ハウスフレーバー ♥

チョコレートにはメーカー独自の香味があり,それを「ハウスフレーバー」という.チョコレートの最終的な香味は非常に多くの条件によって支配されるが,各条件がメーカーによって異なることがその理由である.カカオ豆1つとっても,産地や発酵条件,ロースト方法やカカオマス処理条件によって多くのバリエーションが生じる.また,チョコレート生地を製造する段階でも,配合はもとより,微細化の方法やその程度,コンチング条件などの違いが最終品質を左右するからである.これらの因子を掛け合わせればチョコレートの香味には無限の可能性が考えられる.そのなかでもチョコレートの性格を決定づけるのはカカオマスである.したがって,各メーカーにとってカカオマスの製造条件は最高機密なのである.

[古谷野哲夫]

は産地国でのカカオ豆処理中に混入するものであり，ポッドを割ってカカオ豆を取り出す際にポッド殻が混入，また発酵後のカカオ豆乾燥中に砂礫が混入してしまうといった原因による．さらには農民のポケットから落下したさまざまな異物（コインやライターなど）が発見されることもある．これらの異物除去は，カカオマス品質の向上はもとより工場の機械装置を保護するためにも重要である．

異物を除去されたカカオ豆は品種ごとにサイロに貯蔵され，必要に応じて次工程に送られる．

2.3.2 カカオ豆のロースト

カカオ豆はコーヒー豆などとは異なり細胞壁が薄く脂肪分が多いことから熱伝導ローストが適している．カカオ豆は加熱されることによって，発酵・乾燥過程で生じた香気前駆体がチョコレートに特徴的な香気成分や呈味成分を発現する．ローストによる成分変化で特徴的なものは

・還元糖の減少
・遊離アミノ酸の減少
・ポリフェノール類の減少
・アルデヒド類の増加
・ピラジン類，ピロール類の生成

などがある．これら変化は主に還元糖およびポリフェノール類とアミノ酸とのアミノ・カルボニル反応（マイラード反応）によるものである．アミノ酸はストレッカー分解により脱炭酸・脱アミノ化されてアルデヒドとなり，還元糖とポリフェノールはジオキソ化合物となり窒素と反応してできたエミナールが2分子重合して種々のピラジン類を生じる．カカオ豆ローストでは，このような複雑な反応が生じるが，ロースト前後での還元糖の減少率はロースト程度の指標となる．

カカオ豆ローストにより生じる香気成分は，1000種以上が同定されているが，各々の成分がチョコレート香気にどのように寄与しているか，またはそれらの相互作用など，完全には理解されていない．同定された成分の一例を表2.5

表 2.5 焙炒されたカカオ中の主な香気成分

香調	化合物	香調	化合物
フルーツ調/甘い	2-methylpropanal	グリーン調	2-isopropyl-3-methoxypyrazine
フルーツ調/甘い	2-methylbutanal	酢酸	acetic acid
フルーツ調/甘い	3-methylbutanal	グリーン調	2-ethyl-3,5-dimethylpyrazine
フルーツ調	ethyl 2-methylpropanoate	硫黄臭	3-methylthiopropanal
バター調	butane-2,3-dione	グリーン調	2-ethyl-3,6-dimethylpyrazine
ハーブ調	methyl 3-methylbutanoate	グリーン調	2,3-dimethyl-5-methylpyrazine
ハーブ調	2-methylpropyl acetate	パプリカ	2-isobutyl-3-methoxypyrazine
フルーツ調	ethyl butanoate	刺激性	propanoic acid
フルーツ調	ethyl 2-methylbutanoate	ベルガモット	linalol
バター調	pentane-2,3-dione	ロースト調/グリーン調	2-isobutyl-3,6-dimethylpyrazine
フルーツ調	ethyl 3-methylbutanoate	変敗臭	2,2-dimethylpropanoic acid
バナナ調	3-methylbutyl acetate	ロースト調	2-butyl-3-methylpyrazine
甘い	pentyl acetate	ハーブ調	*trans*,2-*cis*,6-nonadienal
甘い	*cis* hept-3-en-al	ロースト調	2-acetylpyrazine
フルーツ調	3-methylbutyl butanoate	ハチミツ	phenylacetaldehyde
マッシュルーム様	oct-1-en-3-one	変敗臭	3-methylbutyric acid
ロースト調	2-methyloxypyrazine	アニス様	trimethylpropylpyrazine
金属様	dimethyl trisulphide	バラ様	2-phenylethylacetate
グリーン調	trimethylpyrazine	薬品様	2-methoxyphenol (guaiacol)
ピーナッツ様	2-propylpyrazine	バラ様	phenylethanol
フルーツ調	ethyl octanoate	キャラメル	furaneol

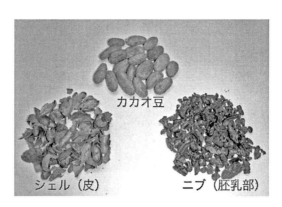

図 2.23 カカオ豆とニブおよびシェル

に示す.

　カカオ豆のロースト方法にはいくつかの方式があり，それによって最終的なカカオマス品質も異なるものとなる．代表的には，カカオ豆をそのままローストする「豆ロースト」法と，カカオニブ（カカオ豆の胚乳部分が砕けたもの）

2.3 カカオマスの製造

【豆ロースト法】

カカオ豆→殺菌→ロースト→ウィノーイング→粉砕→カカオマス

【ニブロースト法】

カカオ豆→ウィノーイング→ロースト→殺菌→粉砕→カカオマス

図 2.24 豆ロースト法とニブロースト法の工程

の状態でローストする「ニブロースト法」がある（図2.24）．どちらの方法を採用する場合でも，カカオマスを得るまでには「殺菌」操作が行われる．それはカカオ豆には産地で行われる発酵工程に由来する多くの微生物が存在するためで（10^7 個/g 以上），その低減が必要となるからである．なお，豆ロースト法，ニブロースト法のそれぞれで連続ロースト装置とバッチ式ロースト装置がある．

a. 豆ロースト法

クリーニングされたカカオ豆は密閉容器に入れられ過熱水蒸気によって殺菌処理される．温度約 125°C の過熱水蒸気で数秒間処理することで生菌数は 10^3 個/g 以下となる．この殺菌処理によりカカオ豆水分が上昇するので，殺菌処理後に乾燥されてからロースターに投入される．

ロースト条件はカカオ豆品種や目的とするカカオマス品質により異なるが，一般的には 130°C で 45 分間程度，熱風により加熱ローストされる．ローストの終了したカカオ豆は，余熱による影響を避けるためただちに冷却される．

図 2.25 に豆ロースターの例を示す．この装置ではカカオ豆は上部より供給され，破線で示した棚に載せられる．棚が開閉式となっており，下方の棚から順次開くことにより，カカオ豆を上部から下部へと移動させる．ロースト時間は棚の開閉間隔を変えることで調整する．図では上部の4段がローストゾーン，下部2段が冷却ゾーンである．

チョコレートの香味はローストにより決定されるので，使用するロースターの種類やロースト条件はチョコレートメーカーにより異なる．ローストの終了したカカオ豆は次工程で種皮（シェル）と胚乳部（ニブ）に分離される．この処理はウィノーイングと呼ばれ，カカオ豆処理のなかでも重要なステップであ

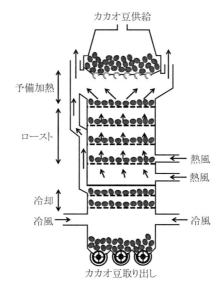

図 2.25　豆ロースト法（連続式）

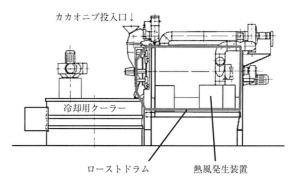

図 2.26　ニブロースト法（バッチ式）の例

り，2.3.3 項で詳述する．

b．ニブロースト法

　生のカカオ豆からウィノーイング処理により取り出された胚乳部分（ニブ）をローストする方法である．ニブロースト法にもいくつかの種類があるが，一般的には横型のドラムにニブを投入し，ニブを攪拌しながらドラム外側より加熱してローストが行われる．ロースト終了時のニブ品温は 125℃ 程度でおよそ

60 分の加熱時間である．ニブローストの途中で外部よりドラム内へ水蒸気を吹き込むことにより殺菌処理も同時に行うことができる．豆ロースト法と同様，ロースト後のニブは即座に冷却するためにクーラーと呼ばれる装置へ排出される．ニブロースト法（とくにバッチ式）では，ロースト途中で水蒸気以外にも糖液などを添加することが可能で，これにより異なる風味のカカオマスを得ることができる．

c. その他のロースト方法

上述した 2 つのロースト法の他にもリカーロースト法やパウダーロースト法が知られている．リカーロースト法は，生のカカオニブを粉砕し生カカオマスを製造し，これを加熱する方法である．生カカオマスは液体なので，熱を均一に伝達しやすい利点がある．一方，ロースト中にニブに含まれる水分がカカオマスの中から蒸散するので，ムレ臭を発生することが多い．

パウダーロースト法は，生カカオマスからココアバターを搾油して得られる生ココアパウダーを加熱するものである．

2.3.3 ウィノーイング

カカオ豆は種皮（シェル）に包まれて胚乳部（ニブ）と胚芽が存在している．シェルとニブを分離する操作をウィノーイング（風選）といい，これを行う装置はウィノワと呼ばれる．

ウィノーイングを行うためには，カカオ豆を破砕（粗砕き）する必要がある．粗く砕かれたカカオ豆（シェルとニブの混在した状態）は，篩によって分離され，さらに細かい篩で分離される．この操作は連続的に行われ，5 段階ほどの大きさに分けられる．各篩で分けられたシェルとニブの混合物は上方へ流れる気流中へ投入される．シェルの形状は鱗片状であり，ニブは粒状であるため，鱗片状のシェルは気流によって巻き上げられ上昇する．一方粒状のニブは気流による影響を受けにくいので下方へ落下する．このように，シェルとニブの形状の差による気流中での挙動の違いを原理としてシェルとニブの分離が行われる．この原理によれば，大粒シェルと大粒ニブの分離は容易であるが，小粒シェルと小粒ニブの分離は，形状差が小さいため困難となる．小粒のシェル，ニブ

図 2.27 ウィノワ

が多いとニブ中にシェルが（シェル中にニブが）混入する原因となる．ニブ中シェルが多くなるとカカオマス品質が悪化し，シェル中ニブが多いと歩留まりが悪くなり経済的損失となる．したがって，最初にカカオ豆を破砕する工程では，可能な限りカカオ豆を「粗く」砕くことが重要となる．カカオ豆を砕く装置はブレーカーと呼ばれるが，粗く砕くためには，弱い力で運転する必要がある．しかし力が弱すぎると破砕されない豆が多く発生する．そのため，弱い力では破砕されなかったカカオ豆を篩で選り分け，次に「強い」力のブレーカーにて破砕する「2 段階破砕」を採用するのが望ましい．

2.3.4 ニブの粉砕

ローストしウィノーイング処理によって取り出されたニブは細かく粉砕されてカカオマスとなる．カカオ豆（ニブ）は繊維質を豊富に含んでいるため硬く，粉砕はさまざまな装置を組み合わせて行われる．ニブが粉砕されるとニブ中に含まれる油脂（ココアバター；約 55% 含有）の存在によって粘稠な液体となり，これをカカオマスと呼ぶ．すなわちカカオマスとは，カカオ種子の胚乳部が微粉砕されココアバター中に分散した状態のものである．

工業的なニブ粉砕には 1 次粉砕機としてピンミルやハンマーミル，ブレードミルなどが用いられる．これらには大きな動力が必要であり，1 t/h 程度の処

2.3 カカオマスの製造

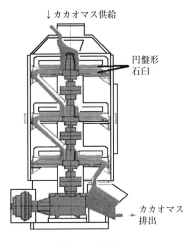

↓カカオマス供給
円盤形石臼
カカオマス排出

図 2.28 石臼ミル

理でも 100 kW 程度のモーターを必要とする．その後，2 次粉砕機として石臼ミルやボールミルにより処理されて粒径 100 μm 以下のカカオマスが得られる．必要に応じ 3 次粉砕（ボールミルなど）によりさらに粒度を小さくする場合もある．なお，数種類の粉砕機を使用する場合，粉砕原理の異なる装置を用いることが粒度低下に有効である．このようにして得られたカカオマスはタンクに貯槽されチョコレートやココア製造の原料となる．求めるチョコレート品質に従って複数の異なるカカオマス（カカオ品種やロースト条件の異なるもの）をブレンドして使用することも多い．図 2.28 に示した石臼ミルは，カカオを発見し食用に供したメソアメリカで，カカオを粉砕するために用いた「メタテとマノ」とまったく同じ原理の装置である（第 1 章参照）．装置上部より供給されたカカオマスは，円盤形の石臼中心部に導入され粉砕されながら外周部から排出される．これが 3 組の石臼で繰り返されることで微粉砕される．現代の石臼は合成セラミックにとってかわられているが，チョコレート製造業において「（現代版）メタテとマノ」が用いられていることは大変興味深い．

2.3.5 カカオマス処理

ローストされたカカオニブを粉砕して得られたカカオマスは，そのままチョ

コレート製造の原料として使用されるが,さらなる処理を受ける場合もある.

さらなるカカオマス処理として,酢酸などの揮発性物質を低減する処理がある.その方法の1つに,円筒形のシリンダー内でカカオマスを薄膜状に流下させながら熱風を接触させるものがある.チョコレート生地の製造(2.4節)では,「コンチング」と呼ばれる操作を行うが,その目的の1つは酢酸などを除去し雑味を低減させることである.カカオマス段階で酢酸を低減すれば,コンチングでの処理時間を短縮することができる.このような考え方は「分割コンチング」と称される.分割コンチングによりあらかじめ目的の品質を有するカカオマスを準備することで,品質の異なる他種のカカオマスとブレンドした場合などにおいて,チョコレート生地段階での最適なコンチング条件を確立することが容易となる.

2.4 チョコレート生地の製造

前節で得られたカカオマスに砂糖,ココアバター,粉乳類などを混合し微粒化してチョコレート生地が製造される.この過程は,混合,粉砕,コンチングに分けられる.とくにコンチング工程は,他の食品産業ではみられないチョコレート製造に独特のものである.

2.4.1 チョコレート生地の種類

日本において「チョコレート」と呼ぶためには以下のような成分規格が定められている(表2.6参照).

①原則的基準

チョコレート生地は,カカオ分が全重量の35%以上(うちココアバターが全重量の18%以上)で,水分が全重量の3%以下のものである.

②カカオ分と乳固形分の合計が35%以上のものの基準

カカオ分が全重量の21%以上(うちココアバターが全重量の18%以上)で,カカオ分と乳固形分の合計が全重量の35%を下らない範囲内(乳脂肪が全重量の3%以上)で,カカオ分の代わりに乳固形分を使用したもの.そして,

2.4 チョコレート生地の製造

表2.6 チョコレート生地の基準

区分 成分	チョコレート生地	
	①のタイプ	②のタイプ
カカオ分	35% 以上	21% 以上
(うちココアバター)	(18% 以上)	(18% 以上)
乳固形分	任意	カカオ分とあわせて 35% 以上
(うち乳脂肪)	任意	(3% 以上)
水分	3% 以下	3% 以下

このタイプのチョコレート生地のうち乳固形分が14%以上,乳脂肪分が3%以上のチョコレート生地をもって製造したチョコレートは商品名や説明文で「ミルクチョコレート」と表示することができる.
ここにおける各用語の定義は以下のとおりである.

・カカオ分とはカカオニブ,カカオマスやココアバター,ココアケーキ,ココアパウダーで水分を除いた合計量をいう.なお,カカオマスにはアルカリ処理したものを含む.
・ココアバター量は,カカオマスやココアパウダーに含まれるココアバターおよび添加されるココアバターの合計量である.
・糖類は,チョコレート生地の甘味源でありまた,ボディを形成するための主要な原料である.チョコレート生地に使用される糖類の代表的なものは蔗糖(砂糖)であるが,その他ブドウ糖,果糖,麦芽糖,転化糖,乳糖などがあげられる.糖類は任意原料なので,糖類を含まなくてもチョコレート生地といえる.
・乳製品とは,乳等省令で規定する「乳製品」のうちクリーム,バター,バターオイル,チーズ,濃縮乳,無糖れん乳,無糖脱脂れん乳,加糖れん乳,加糖脱脂れん乳,全粉乳,脱脂粉乳,クリームパウダー,ホエイパウダー,バターミルクパウダー,加糖粉乳および発酵乳.この他に発酵乳パウダー,ミルククラム,ブロックミルクおよび牛乳である.「乳製品」の成分規格は乳等省令による.また,乳糖とカゼインを混合したものなど,成分を再

構成したものは「乳製品」にならない．
・乳固形分についてはこの規約で規定していないが，無脂乳固形分（天然組成のもの）および乳脂肪分の合計量とする．

チョコレートは基本的に一定量以上のカカオ分を含むことが必要であるが，「カカオ分」にはココアバターも含まれるため，必ずしもカカオマスを使用しなくてもチョコレートを構成することが可能である．すなわち，本表の②のタイプで，ココアバターを21％以上配合し，一定量以上の乳固形分を含有すればカカオマスを含まないチョコレートを作成可能である（ホワイトチョコレート）．

2.4.2 原料混合

製造するチョコレートのレシピ（配合）に応じて，カカオマスや砂糖，ココアバター，レシチン，粉乳などを計量し混合する工程である．これにより柔らかい粘土状の混合物（種生地）が得られる．本工程で重要なことは，各原料を均一に混ぜ合わせるだけでなく，粘土状混合物の物性（硬さ）を次工程のロール粉砕機（レファイナー）での処理に最適な状態とすることにある．この物性を数値的に表すことは難しく，チョコレート製造職人は「耳たぶの硬さ」などと表現する．この物性はレシピだけではなく，配合中の油脂量や各原料の粒径分布，撹拌の程度，温度，乳化剤（レシチン）量などに支配される．最適な物性が得られない場合，レファイナーでの処理時間が延びたり粒度が粗くなったり，場合によっては処理不能となることもある．

なお，コンチングの最終段階でココアバターやレシチンを添加するため，その分を除いた配合で種生地を製造する．

2.4.3 レファイナー

レファイナーとはレシピに従って混合された種生地を微粒化する装置で，通常は5本のロールで構成されるロールミルが用いられる（図2.29，図2.30）．5本のロールは強力な油圧によって密着しており，各ロールは異なる回転数で，それぞれ逆方向に回転している．一番下（第1ロール）の回転が最も遅く，一番上（第5ロール）の回転が最も速い．第1ロールと第2ロールの間に種生地

2.4 チョコレート生地の製造

図 2.29 レファイナー外観

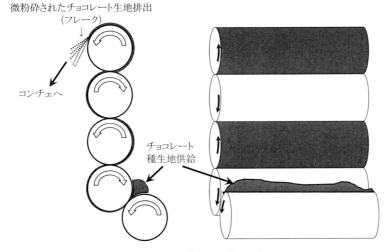

図 2.30 レファイナー（5段ロール）

を供給し，第5ロールにはチョコレートを剝がし取るスクレーパーが装着されている．チョコレート生地はこれらロールが密着している4つの間隙を通過する際に粉砕される．異なる速度で逆方向に回転するロールの間隙では，強力な剪断力が働くため「引きちぎられる」ように固体粒子の粉砕が行われ，次段のロール表面へ転移する．

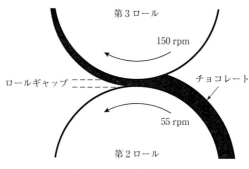

図 2.31 ロール粉砕の原理

　前段のロールから次段のロールへチョコレート生地が均一に転移することを前提とすれば，粒子径の減少率は 2 本のロールの回転数比となる．すなわち図 2.31 のように，前段のロール回転数が 55 rpm で次段が 150 rpm であれば，粒子径は 55/150 に減少する．ここで重要な点は，「次段ロールへチョコレート生地が均一に完全に転移する」という前提である．これを実現するためには，ロールミルの機械的セッティングが重要で，たとえば適切な回転数比，ロール温度，ロールを密着する圧力，ロールクラウン（ロールは完全な円筒形ではなく中央部がわずかに膨らんでおり，これをクラウンという）などである．

　これを繰り返して 4 つの間隙を通過するごとに粒径は小さくなっていき，それに伴い固体粒子表面積は次第に大きくなる．その結果，ロールレファイナーに供給された柔らかい粘土状の液体であった種生地は，第 5 ロールから削り取られる段階では粉状に変化する．それは，種生地に流動性を与えていた自由な油脂分が，粉砕により拡大した固体粒子表面に吸着されて自由な油脂がなくなるためである．このような粉状のチョコレートはフレークと呼ばれ，ベルトコンベアによって次工程へ運搬される．

　なお，レファイナーで微粒化された固体粒子径は 20 μm 以下であり平均粒子径は 11 μm 程度である．人間は口中において 20 μm 以下の物質を粒として感知できないので，「滑らかな」チョコレート品質を実現するためにはこのようなレベルにまでチョコレートを粉砕することが必要不可欠である．図 2.32 には典型的なチョコレートの粒径分布を示した．

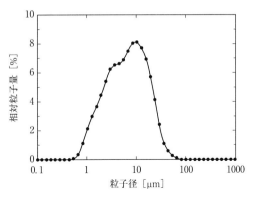

図 2.32 チョコレートの粒径分布

2.4.4 コンチング

コンチングという言葉は，1800年代にチョコレートが発明された際，チョコレートを長時間練る装置として開発された機械の形状がコンチ貝に似ていたことから名づけられたとされている．現在のコンチェ（コンチングを行う装置）の形状はコンチ貝とは異なるが，そのままチョコレート処理装置の名前として慣用されている．「食べる」チョコレートは1830年にイギリスのジョン・フライによって発明され，最初のコンチェは1879年ドイツのルドルフ・リンツ（Rudolph Lindt）によって開発された（図1.8参照）．当時のレファイナーは性能が悪く，粒度を十分に小さくすることができなかった．そこで，「コンチェ」によって長時間処理することで，「練る」ことと「粒度低下（粉砕）」とを同時に行っていたのである．そのためにコンチングには数日間を要していた．しかし現在ではレファイナーの性能が飛躍的に向上したため，コンチェにおける「粒度低下」の機能は不要となった．したがって，現在コンチェで行っているのは「練る」操作である．

コンチェにおいてチョコレートを「練る」ことの意味は次のように整理することができる．

　①物理的変化：油脂の絞り出しと固体粒子の均一な分散
　②化学的変化：揮発性物質の蒸散，水分除去，ある種の化学反応
これらについて以下に詳述する．

♠ コラム6　食べるチョコレートの発明 ♥

　食べるチョコレートはイギリスで発明されたが，それには平均気温が30℃以下の温帯地方ならではの環境条件が寄与している．チョコレートが固形状態を保つためには，含まれるココアバターが結晶化している必要がある．そのためには環境温度はココアバターの融点以下でなければならず，熱帯地方では成立しない食べ物であるといえる．

　そもそもカカオ豆中に存在するココアバターは，カカオ豆が発芽するためのエネルギー源としての役割を担っている．熱帯地方においてココアバターは融解しているからこそエネルギー源として有効である．つまりカカオの生育する熱帯ではココアバターは結晶化せず，固体のチョコレートを作ることはできないのである．それゆえ，カカオの生育する地におけるカカオ利用形態は唯一飲料であったのである．

　このように，熱帯地方ではなく温帯地方でチョコレートが発明されたのは必然の結果である．

　図には生カカオ豆の示差走査熱量測定（differential scanning calorimetry, DSC）結果を示す．この結果，カカオ豆組織中に存在するココアバターの融点は27℃であり，熱帯地方においてココアバターは利用可能な融液状態であることが示された．

［古谷野哲夫］

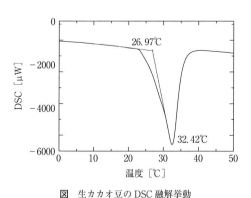

図　生カカオ豆の DSC 融解挙動

a. コンチングにおける物理的変化

　コンチェは強力な動力で撹拌できる装置である．ここへレファイナーで得られたチョコレート「フレーク」が投入される．この粉状チョコレートをコンチェ

2.4 チョコレート生地の製造

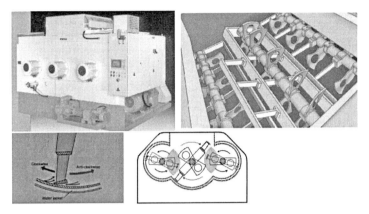

図 2.33 フリッセコンチェ
(左上) 装置外観, (右上) 攪拌翼の構造, (左下) 攪拌翼先端部の動き, (右下) 3 軸の攪拌翼の動作)

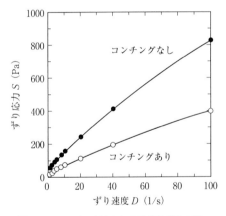

図 2.34 コンチング有無による粘性挙動の違い

において強力に練ると原料のカカオマスや粉乳に内包されている油脂分が滲出し, 次第に硬い粘土状の物性に変化する. さらに練ることによって油脂が放出されて柔らかい粘土状に変化する. 現在のコンチェでは, チョコレートが柔らかくなると攪拌翼の力が伝わりにくくなるので, 負荷に応じて攪拌速度を上げて効率的にエネルギーを投入する制御が自動的に行われるようになっている. これは負荷を監視しながらインバーターを用いて自動的に攪拌回転数制御をす

ることで行う．このように，組成は同じであるが油脂分のみを滲出させ，レファイナーにおける粉砕で生じた新たな固体粒子表面を油脂で被覆することによりチョコレート粘性を下げることが，コンチェにおける物理的変化の目的である．

コンチングの最終段階でココアバターなどを添加し，目的のチョコレート粘性とすることでチョコレート生地の製造が終了する．図 2.34 にはコンチングをした場合としない場合の最終チョコレート生地の粘性挙動の違いを示した．コンチングによりみかけ粘度が約半分に，また降伏値も低下することが示されている（2.5.2 項参照）．

b. コンチングにおける化学的変化

コンチングによって生じる化学的な成分変化は複雑である．前項で述べたように，強力な力でチョコレートを練ると発熱が生じる．もともと種生地に含まれる水分は 1% 程度であるが，コンチング中の発熱により水分蒸発が促進され，同時に低沸点成分も共沸現象により揮発する．主に酢酸の蒸散が認められるが，これはカカオ豆発酵（酢酸発酵）によって生じた物質である．その程度はコンチング時間や操作温度に依存するが，条件によってはコンチング前と比較し数分の一にまで減少する．しかし水や酢酸ばかりではなく，揮発性の高い香気成分も失われるので，目的とするチョコレート品質によってコンチング条件を設定することが必要となる．

またコンチング条件によっては，原料中の還元糖とアミノ酸を基質としたアミノカルボニル反応（マイラード反応）が生じることがある．ミルクを配合したチョコレートでマイラード反応が生じると「キャラメルのような」香味を生成させることができる．

コンチングにおける化学的変化の詳細は未解明の部分も多く，チョコレートの繊細な香味を生み出すためのコンチング条件はメーカーごとの独自の考え方で設定されている．

しかし現在の一般的な考え方は，コンチングの主目的は物理的変化を得ることにあり，化学的変化は後工程の別装置によって遂行する場合も多い．それはコンチェ自体が高価でスペース生産性も低いため，コンチングを短時間で終了する物理的変化に主眼をおく傾向があるためである．これには個別の装置で単

位操作を行うという化学工学的な発想もその背景にあると考えられる．2.3.5項で解説した「分割コンチング」の手法もこのような考え方の1つといえる．

2.4.5 その他のチョコレート生地製造方法

チョコレート生地の製造方法としてロールミル（レファイナー）を用いる以外の方法を以下に解説する．これらは主に小規模のチョコレート生地製造で使用されることが多い．

a. ボールミル

ボールミルとは円筒型の容器に直径数 mm 程度の鋼鉄製のボールを充填し攪拌する装置で，その中に被粉砕物を通過させるものである．被粉砕物はボールがお互いに衝突する衝撃により粒径が小さくなる．装置は貯蔵タンク，ポンプ，ボールミルで構成されチョコレート生地を数回，ボールミルを通過させる．ボールミル装置内におけるボールの動きは，中心部で遅く器壁部で速いので器壁部での粉砕効率が高い．そのため中心部を通過したチョコレート生地と器壁部を通過したチョコレート生地との粒度差が生じるのでボールミル処理したチョコレートの粒径分布はレファイナー処理品と比較して広がる傾向にある．

また，粉砕によりチョコレート生地粘度が上昇するが，ボールミル内部を通過させるために一定以下の粘度を保持する必要がある．すなわち，仕込み時点での油分を高めに設定する必要があるため，粉砕処理後のコンチング工程で有効なシアを与えることができない．その結果，低油分で低粘度のチョコレート

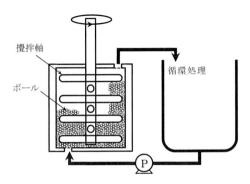

図 2.35　ボールミルの構造と装置構成

生地を得ることが困難となる．

　一方，本法は密閉系での粉砕処理なので環境湿度の影響を受けにくいメリットがある．これは吸湿性の高い原料を使用する際などで利点となる．

b. レファイナーコンチェ

　その他の特殊なチョコレート生地製造方法としてレファイナーコンチェと呼ばれる装置がある．これは横型ドラムの内壁に鎧状の凹凸加工が施され，中央軸に装着された多数のブレードでその表面を掻き取る構造となっている．被粉砕物は壁面とスプリングで押しつけられたブレードとの間でシアを受け粒径が減少する．粉砕の初期では迅速に粒子径の減少が進むが，一定粒度以下になると残った大粒子は壁面とブレードとの間に捕捉される確率が減少する．その結果，粒径分布の広いチョコレート生地となる．このため，本装置をボールミルと組み合わせて使用すると処理時間を短くすることが可能である．

　本装置はバッチ式のため，粉砕前の原料を投入し所定時間粉砕処理することでチョコレート生地が完成する．粉砕時間は数時間〜一昼夜で，無人で処理できる利点がある．装置内部へ熱風などを吹き込むことにより水分や望ましくない香気の除去が可能で，粉砕とコンチングの同時処理が期待できる．欠点は器壁とブレードが接触することによる微細な鉄粉発生の可能性があることであり，装置の適正な調整が不可欠である．

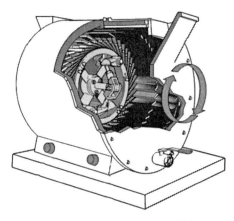

図2.36　レファイナーコンチェの構造

2.5 チョコレート成型

チョコレート製品にはさまざまな形状があるが,それぞれ異なる製法によって製造される.本節では代表的な製品の製造方法を解説するが,どの場合でも成型の前にチョコレート生地のテンパリング操作が必要である.本節ではテンパリングおよびチョコレートの流動特性に関して解説し,その後に代表的なチョコレート成型方法を紹介する.

2.5.1 チョコレート生地のテンパリング

チョコレートのテンパリングとは,含まれるココアバターの結晶化制御である.ここではココアバターの結晶化について簡単に触れた後,工業的なテンパリング方法と小規模な工房におけるテンパリング方法の2つについて解説する.

a. ココアバターの多形現象

チョコレートの構造は,主にココアバターを主体とする油脂中に砂糖やカカオマス,ミルクなどの微細な固体粒子が分散した状態となっている.

ここで連続相を構成する油脂が固体の状態であればチョコレートは固まっており,油脂が融解するとチョコレートは液体となり流動性を示す.チョコレートの固化とはココアバターの結晶化であるが,ココアバターには6種類の結晶型が存在する.それぞれⅠ型(mp17.3℃),Ⅱ型(mp22.3℃),Ⅲ型(mp25.5℃),Ⅳ型(mp27.5℃),Ⅴ型(mp33.8℃),Ⅵ型(mp36.3℃)と

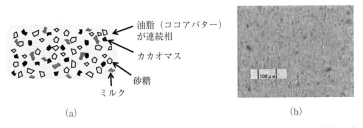

図2.37 (a) チョコレートの構造模式図,(b) 溶融状態のチョコレート顕微鏡写真

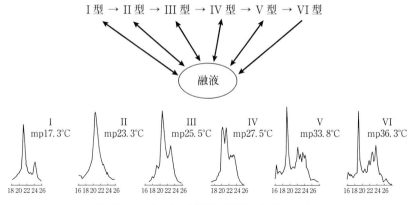

図 2.38 ココアバターの多形転移系列と X 線スペクトル

命名されている（図 2.38）．熱力学的に最も不安定なのは I 型であり，最安定な結晶型は VI 型である．これらの結晶型のうち製品として望ましいのは V 型であり，チョコレート成型にあたってはチョコレート生地に存在するココアバターを V 型として結晶化させる必要がある．そのための工程を「テンパリング」と呼ぶ．

なお，チョコレート製品を V 型として結晶化させなければならない理由は，①融点が高い，②結晶化時の収縮率が高い，③ I 型〜IV 型と比較して安定である，ためである．

①でココアバター多形のなかで最も融点が高いのは VI 型であるが，この結晶型は融液から直接析出しないため，実質的には V 型が最も融点が高い結晶型といえる．②は製造工程において重要な性質で，チョコレートを型に注入して固化させた後，型から取り出す（剝離）ために必要な条件となる．③はチョコレート製品の保存性に関連する性質で，室温で 1 年程度，V 型を維持して安定である．ココアバターの V 型結晶は，長時間をかけて VI 型へと固相転移するが，これに伴って融点が上昇し結晶粒が大きくなる．この変化は一般に「ブルーム現象」と呼ばれるが，品質上の変化としてはチョコレートの口どけが悪化しボソボソとした食感となり，外観が白っぽくなってしまう．

b. 工業的なテンパリング

一般的にチョコレートのテンパリング操作は図 2.39 のような温度変化を与

2.5 チョコレート成型

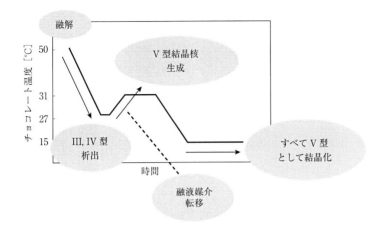

図 2.39 テンパリングにおける温度処理と生じる現象

える工程である．温度操作は，50℃以上で完全溶融したチョコレート生地（ココアバター結晶がまったく存在しない状態）を撹拌しながら27〜28℃となるまで徐々に冷却する．その後30〜32℃程度まで昇温させる．この過程でチョコレート生地に含まれるココアバターに生じる変化は以下のとおりである．

①最初の冷却時：冷却に伴い，ココアバターの不安定結晶（III型，IV型）が析出する．

②次段での昇温時：チョコレート生地温度はIII型やIV型の融点よりも高くなるため，これら不安定結晶は融解する．この融解と同時に，より安定なV型結晶が出現し，ココアバターV型の結晶核が生じる．

このようにテンパリングされたチョコレートを成型後に冷却すると，V型結晶核の存在により含まれるすべてのココアバターがV型として結晶化するのである．

なお，②の現象は「融液媒介転移」と呼ばれるもので，メカニズムの詳細は明らかではないが各種実験によってその存在は証明されている．融液媒介転移を経ることでより安定な結晶型が短時間に導かれる．これがチョコレートのテンパリング操作である．なお，図2.40に工業的に使用されるテンパリングマシンの内部構造を示す．これは撹拌型熱交換器でありチョコレートは装置下部より供給され撹拌されながらいくつかの冷却ゾーンを通過する．この際ジャ

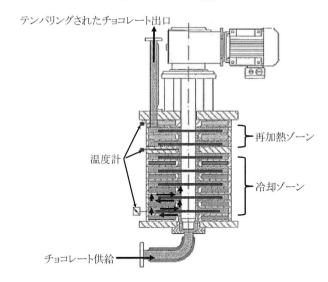

図 2.40 テンパリングマシンの内部構造

ケットに流れる冷却水によって温度が低下し,同時に攪拌による剪断応力を受ける.所定温度に達すると,今度は加熱ゾーンへ導かれ設定温度まで再加熱されテンパリング処理が終了する.冷却や加熱はジャケットを流れる冷水/温水によって行われ,装着された温度計の指示によりその ON/OFF が自動的に制御され設定温度が維持される.

c. 種結晶添加法によるテンパリング

　小規模なチョコレート工房などでは前項に述べたような熱交換装置を備えていない場合もある.そのようなときには,手動でチョコレートの冷却/加熱を行うことによりテンパリング処理をするが,確実にテンパリング操作を完了させるための手法として「種結晶添加法」が知られている.

　これはあらかじめ既成の固体チョコレートの一部を粉末化し,それ以外を完全に融解する.融けたチョコレート生地を単純冷却にて 30〜32℃ とし,その段階で先に用意した粉末チョコレートを添加する方法である.この(既成の)チョコレート粉末は V 型として固化しているので,粉末を添加したチョコレート生地中には V 型の結晶核が投入されることとなる.このようにして前項のテンパリング操作と同様の状態が作成されるのである.本法は,溶融チョコレー

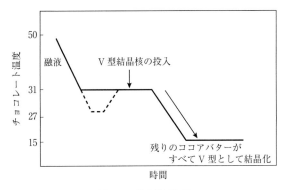

図 2.41 種結晶添加法

ト温度にのみ注意を払えば比較的簡単に失敗することなくテンパリングが行える点で有用であり，小さなチョコレートショップやチョコレート製品の試作開発などで採用されている．

2.5.2 チョコレート生地の流動特性

溶融したチョコレート生地は非ニュートン流体（擬塑性流体）としての流動特性を示す．チョコレート製品やその成型は，この特徴を利用したものが多いため本項ではチョコレートの流動特性について解説する．

a. 粘度の定義

粘度とは，一定の距離で向かい合った一定面積の板で流体を挟み，板をある速度（ずり速度 D）で動かした際に，板に生じる応力をずり応力 S としたとき，粘度 $=S/D$ で表される値である．水やアルコールなどのニュートン流体ではずり速度にかかわらず粘度は一定であるが，チョコレートは図 2.42 に示すような流動曲線となる．

チョコレート粘性の特徴の 1 つは，粘度がずり速度によって異なる点にある．ずり速度が小さい場合には粘度は高く，ずり速度が大きくなるに従って粘度は低下する．この様子は図中に「みかけ粘度」として示した．

もう 1 つの特徴は，図の Y 切片に示されるように，ずり速度が 0 でも一定のずり応力を持つ点があげられる（これを降伏値という）．

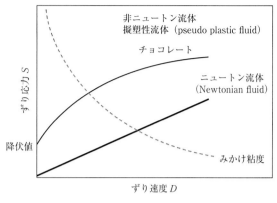

図2.42 流動曲線

チョコレート製品はこのような流動特性を利用して成型されているものが多い.

2.5.3 モールド成型
a. 板チョコレートの成型

通常の板チョコと称される製品は成型型（モールド）にテンパリングされたチョコレート生地を充填し，冷却固化後に剥離して製造される．チョコレート生地は粘性が高いので，型へ充填した後に型を激しく振動させてチョコレート生地を型の隅々まで行き渡らせる必要がある．前項で述べたように，チョコレート生地は非ニュートン流体で，ずり速度が高くなるほど粘度が低下する性質を有している．型を激しく振動させることによってチョコレート生地に与えるずり速度を高め，その結果みかけ粘度を低下させチョコレート生地を型の隅々まで流し込むのである．同時に含まれる気泡を上昇させて生地から除去する効果も得られる.

冷却工程に関しては，板チョコレートに限らずシェルチョコレートなどでも同様に，いくつかの注意点がある．それは，冷却初期には緩慢な条件でチョコレートを冷却するのが好ましい．初期段階で急冷却するとファットブルームを生じる危険があるためである．冷却の第2段階では13℃ほどの冷気で強制冷却しチョコレートの固化を促進する．チョコレート中の油脂結晶化に伴って結

図 2.43　板チョコレートの製法模式図

晶潜熱が放出されるので，これを十分に除去できるような冷却能力が必要である．冷却の最終段階では若干の温度上昇を行う．これは冷却工程を出た直後，チョコレート包装室の温度に近いことが望ましい．なぜなら，冷却されたチョコレート温度が低すぎるとチョコレート表面で結露が生じ，シュガーブルーム（4.2.2 項参照）の原因となるからである．冷却時間はテンパリングの程度やチョコレートの種類，チョコレートの大きさなどによって最適化される．

b.　シェルチョコレートの成型（1）

チョコレート生地が降伏値を持つ流動特性を示すことを利用した成型法として「シェルチョコレート」がある．代表的な製品として，板チョコの内部に異なる種類のチョコレート（センター生地と呼ぶ；イチゴチョコなど，またはクリーム）を封じ込んだものがある．シェルチョコレートの伝統的な成型法を図 2.44 に示した．その操作は，

① 板チョコと同様に型へチョコレートを充填する．
② 振動を与えてチョコレートを型の隅々まで流す．
③ 型を裏返しにして，チョコレートを落下させる．必要に応じ振動を与え流下量を調整する．
④ 再び型を裏返し冷却する．チョコレートの殻（シェル）が形成される．
⑤ 内側に入れる異種のチョコレート（イチゴチョコなど）を充填する．
⑥ 最後に製品の底面となるチョコレートを注入し再び冷却する．
⑦ 型から剥離する．

この工程においては③がポイントとなる．つまり，型を裏返してもすべてのチョコレートは流下しない．その理由はチョコレート生地の持つ非ニュートン流体としての粘性挙動に由来する．それは前述したようにチョコレート生地が

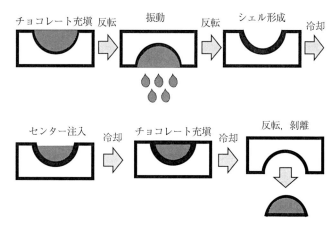

図 2.44　シェルチョコレートの製法概念図

持つ降伏値のために，この力があるために型を下向きにしてもチョコレートの一部は型に残るのである．

このように製造されるシェルチョコレートにはさまざまな商品があり，チョコレート専門店で活躍するチョコレート職人（ショコラティエ）の技も，このようなチョコレートの物理的性質を利用しているのである．

c. シェルチョコレートの成型 (2)

シェルチョコレートの近年の製法として「コールドプレス」製法がある．上述した従来の方法では型を反転させてチョコレートを流下させた後，再度型を反転させるという煩雑な工程を経るが，その際に製造ライン周辺がチョコレートで汚れてしまうという欠点があった．また，より本質的な問題は流下するチョコレート量は厳密には一定ではなく，個々の製品でバラツキを生じるという点にあった．コールドプレス製法はこれらの問題点を解消するものである．

本成型法では，型にあらかじめ少量のチョコレートを充填しておき振動を与えた後に冷却された金属製のプレスヘッドをチョコレートに押し当てる．プレスヘッド温度は $-5 \sim -20°C$ 程度であり，数秒間押し当てる．この操作によりチョコレートは型の上部へ盛り上がると同時に急速固化する．一定時間後にプレスヘッドを引き抜くことでチョコレートシェルを形成するのである．本方式では従来製法の問題点は解決されるが，チョコレート型とプレスヘッドの3次

2.5 チョコレート成型

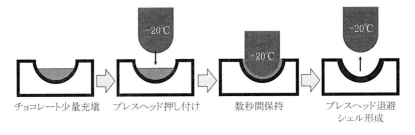
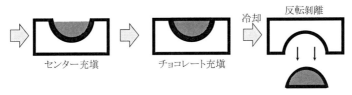

図 2.45 コールドプレス製法概念図

元における精密な座標制御が必要となる.

なおこの製法は，チョコレート製造機械メーカーにより各種の方法が提案されており，呼び名もそれぞれ異なる点に注意が必要である.

本方法ではプレスヘッドをチョコレートに押し当てた瞬間に急冷却が生じるため，シェルが形成された直後のチョコレートは不安定多形として結晶化している．しかしプレスヘッドが引き抜かれると，チョコレート成形室の環境温度によって不安定多形はすぐに融解し（しかしシェルの形状は維持している），テンパリングで生じた V 型結晶が有効な結晶核としてその後の冷却固化過程で機能する.

d. シェルチョコレートの成型 (3)

近年のサーボモーターによる機械精密制御を背景とし，ダブルノズルによるシェル生地とセンター生地の同時押し出しによるシェルチョコレートの成型方法（ワンショットデポ）が開発されている．図 2.46 に示すように，ダブルノズルの外側にはシェル生地を，内側にはセンター生地を配置し，それぞれを別駆動のサーボモーターで吐出する．はじめにシェル生地を吐出し，遅れてセンター生地を吐出させ，最後にシェル生地の吐出を終える．この制御は非常に厳密に行わなければならない．タイミングがずれるとセンター生地が外側にはみ

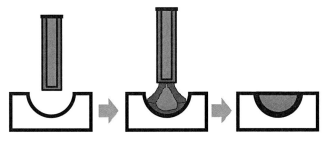

図 2.46 ワンショットデポ概念図

出してしまうという問題が生じるため,コンピュータによりサーボモーターを制御する方法が一般的である.

　本方法は衛生面で優れており,また装置も簡略化できるが欠点もある.それはセンター生地比率を多くできないこと,シェル生地とセンター生地の粘性挙動に制限があること,などである.粘性に関しては,両者の粘度差が小さいほど容易に成形が可能となる.

2.5.4　エンローバーチョコレート

　エンローバーチョコレートとは図 2.47 のような商品群で,センターとなるビスケットなどの菓子素材の周囲をチョコレート生地でコーティングしたものである.コーティングのためには専用の装置(エンローバーと呼ばれる)を用いる.

　エンローバーはセンター素材をネットコンベアで搬送しながら,薄膜のチョコレートがカーテン状に流下する中を通過させる装置である.これによってセンターとなる菓子素材はチョコレートで被覆される.その後余分なチョコレートを振動や風(ブロワー)で吹き飛ばす.カーテンではチョコレートで被覆されない底面は,ネットコンベア下部からチョコレートを盛り上げて被覆する.エンローバー装置を出た製品はベルトコンベアに移載され,冷却後にコンベアから剥離されて製品が完成する.

　このような成型法においてもチョコレートの粘性特性が重要な管理点となる.すなわち,センターの菓子素材にチョコレートが付着するのは降伏値があ

2.5 チョコレート成型

図 2.47 エンローバー商品の写真

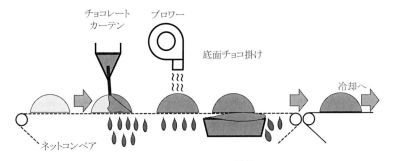

図 2.48 エンローバー装置

るためであり,適正な降伏値を有するチョコレート生地を用いることで均一な被覆が可能となる.もしチョコレートに降伏値がなかったら(ニュートン流体だったら),この種のチョコレート製品を作ることはまったく不可能である.

なお,本製法では大量のチョコレートを流下させる必要があるが,それに比して製品に付着する量はわずかである.製品に付着しなかったチョコレートは一旦加熱し再度テンパリングし直すことが必要である.なぜならばテンパリングしたチョコレート生地を長時間滞留させるとココアバター結晶化が進行し,チョコレート生地粘度が著しく増大する.粘性が一定でなければチョコレート付着量は安定せず,製品品質が損なわれることとなる.

したがって,エンローバー製法では製品製造量に比べて過大なテンパリング能力が求められることとなる.

2.5.5 チョコボール

アーモンドなどの菓子素材の周囲にボール状にチョコレートを厚く被覆する成型法である．これは回転釜と呼ばれる装置（図2.49）にセンターとなる菓子素材を投入し，冷風を送り込んで冷却しながらチョコレート生地をスプレーするものである．スプレーされたチョコレート生地はセンター素材に付着し，チョコレート層が次第に成長することで製品となる．装置を回転させることにより均一なコーティングが可能となると同時に，内部の製品がお互いに衝突を繰り返すことで表面が滑らかとなりボール状となる．

なお，この製法ではチョコレート生地は必ずしもテンパリングする必要がない点が特徴的である．テンパリングされていないチョコレート生地をスプレーすると，不安定結晶が析出するが，製品どうしが衝突し合うことで局所的に摩擦熱が発生し，安定結晶への転移が生じるためと考えられている．

図2.49　釜掛け製法の概念図

2.5.6 その他の製法

上に述べた以外にもさまざまなチョコレート成型法がある．嗜好品であるチョコレートはその形状が商品力の重要な側面であり，形状によって食した際の味覚の感じ方も異なる．そのため各チョコレートメーカーでは独自の製法を開発することでチョコレートに新しい魅力を付与するための研究が盛んである．その例をいくつか示す．

a. チョコレートのエアレーション

チョコレートに気体を吹き込み，小さく分散させてスポンジ状のエアレーションチョコレートを製造することができる．テンパリングされたチョコレー

ト生地に空気などを注入し，その後高速撹拌することで気泡を小さく分断してスポンジ状とする製法であるが，高速撹拌による発熱を効率的に除去しなければならない．チョコレート中で気泡を安定化させるためには，気泡の周囲に油脂結晶を配向させる必要があるが，発熱による結晶融解を防ぐ必要があるためである．このためには適切な撹拌装置の選択と注意深い温度制御が必須となる．

b. チョコスナックの製法

チョコレートとビスケットなどの焼菓子を組み合わせた商品をチョコスナックと称する．代表的な商品に図2.50(b) のようなものがあるが，これもチョコレート生地の持つ降伏値がなければ製造することはできない．製法は単純で，チョコレートを充填したモールド型にビスケットを挿入するのであるが，降伏値が適切でないと刺したビスケットが倒れてしまうからである．

図 2.50 (a) チョコレートスナックの製法，(b) チョコレートスナックの商品写真（(株)明治提供）

c. 小粒チョコレートのロール成型

小粒チョコレート成型法のバリエーションとして，型の彫ってある2本の冷却ロール間にチョコレートを供給し，瞬間的にチョコレートを成型固化させる方法がある．本製法では比較的小さなチョコレートしか作れないが，立体的な形状を作ることが可能である．2本のロールは完全には密着させず，わずかな間隙をもって運転する．これにより個々の小粒チョコレートは薄い板状のチョコレートで繋がって成型されるため，ロールに付着することなく取り出すことが可能となる．ロール成型後はさらに冷却が必要であるが，薄い板状のチョコ

図2.51 小粒チョコレートの成型法

レートは冷却後に回転ドラムなどに投入することで分離できる．本製法で成型された小粒チョコレートは，釜掛け製法により表面に艶を付けたり，糖衣掛けをして最終製品に仕上げる． 〔古谷野哲夫〕

文　献

Beckett, S. T. (Ed.) (1999). *Industrial Chocolate Manufacture and Use* 3rd ed., Blackwell Science.
Cross, E. (1999). *Manuf. Confect.*, **79**(2), 77.
日本チョコレート・ココア協会 (2012). 第17回チョコレート・ココア国際栄養シンポジウム講演要旨集.
Prosky, L. *et al.* (1988). *J. Assoc. Off. Anal. Chem.*, **71**, 1017-1023.
Roelofsen, P. A. (1958). *Adv. Food Res.*, **8**, 225-296.
Schwan, R. F. (1998). *Appl. Environ. Microbiol.*, **64**, 1477-1483.
Schwan, R. F. and Wheals A. (2004). *Crit. Rev. Food Sci. Nutr.*, **44**, 205-221.
Southgate, D. A. (1969). *J. Sci. Food Agric.*, **20**, 331-335.
Urbanski, J. J. (1992). *Manuf. Confect.*, **69**, Nov.

3 チョコレートの栄養と生理機能

❦ 3.1 栄養学の分野からみたチョコレート ❦

　日本でチョコレートが食べられるようになったのは,明治のはじめ（1877年）であり,東京両国でチョコレートが製造・販売（当時は貯口齢糖,千代古齢糖,猪口冷糖などの名前で）されたのが最初とされている（梶,2004）.

　歴史の上で,最初にチョコレートを食べた日本人は伊達政宗の慶長遣欧使節として1613年に慶長遣欧使節船サンファン・バウティスタ号でメキシコ,スペインを経由して,ローマ法王に謁見した支倉六右衛門常長ではないかといわれている.当時スペイン領だったメキシコでは,チョコレートが賓客に供されたので,常長はチョコレートを味わった可能性が高いということであろう（慶長遣欧使節船協会編,1993）.

　チョコレートの起源については,第1章で述べられたが,筆者はメキシコのユカタン半島に残されたマヤ古典期最大の都市遺跡チチェン・イッツァの遺跡を訪ねたとき,案内人から「このあたりはチョコレートの付いた壺がみつかった場所ですよ」と説明を聴いた.その近くにある神殿を祭るピラミッドには2度登ったことがあるが,数年前に行ったときは禁止されていた.転げ落ちて亡くなった人がいたとのことだった.

　チョコレートの成分を食品から考えた場合,「カカオマス」と「砂糖」ということになる.そして,カカオマスには「ココアバター」（脂質）が大きな成分として含まれている.つまりカカオマスは非脂質成分と脂質成分が主な成分である.非脂質成分にはポリフェノールや食物繊維,そしてミネラルなどが含

まれる．非脂質成分のなかではポリフェノールが多彩な機能を持つので，ここではこれを中心に考えることとする．そこで，便宜上の分類として，第一にカカオマス画分，第二にココアバター画分，第三に砂糖画分と分類して解説する．

チョコレートの原料がカカオ豆であることから，カカオ豆の成分がチョコレートの成分のもととなっていることは当然である．もちろん産地，カカオ豆の品種によってもそのあいだに差が出てくるが，それだけでない．チョコレートの原料を作る段階で，カカオ豆を発酵させるというプロセスがあって，ここでさらにチョコレート成分の変化が生ずる．

図3.1に示すのは文部省から出ている食品栄養成分表からとったチョコレートの成分である．

♠コラム7　カカオマス中の食物繊維の機能は期待できるのか？♥

産地によってやや異なるが，チョコレートの主要な素材であるカカオマスの成分は，表2.1に示してあるように，脂質と食物繊維の含量が高いことが特徴である．本書のなかで，脂質の機能性に関しては，栄養学の立場から紹介されているが，食物繊維の機能性に関しては触れられていないので，若干，追加してみたい．食物繊維の含量は，産地によって，また，測定法によって若干異なるものの，15～17％程度含まれている．水溶性食物繊維は少なく，最も多く含まれているのはリグニンであり，セルロース，ヘミセルロースなども多く含まれている．兵庫県立大学の辻啓介らは，カカオリグニンの機能性について，高血圧自然発症ラット（SHR）を用いて血圧や血漿脂質に及ぼす影響について研究を進めている．その結果，SHRラットへのリグニン投与により血圧の低下が認められ，さらに，糞中へのナトリウムの排泄が促進されているが，カルシウムやマグネシウムの糞中排泄の促進効果は見出されていない．このデータは，カカオリグニンは，ナトリウムと特異的に結合することで優先的に糞中に排泄し，その結果，血圧低下作用を示した，というわけである．さらに，SHRラットへのカカオリグニンの投与による血漿コレステロール上昇抑制作用も見出しており，その機構として，胆汁酸代謝ではなく他の機構を推定しているが，詳細は明らかではない．さらに，マウスを用いてカカオリグニンによるコレステロール胆石形成の抑制効果と胆嚢中コレステロール濃度の低下作用も見出している．　　　　　　　　[大澤俊彦]

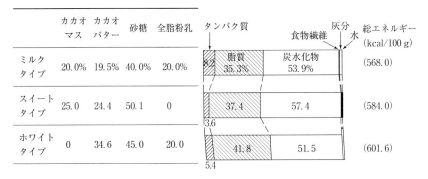

図 3.1 チョコレートのタイプによる栄養素組成の違い

❖ 3.2 カカオマス画分 ❖

　カカオマスの中の非脂質の主要な成分としてあげられるのは、ポリフェノールであり、このポリフェノールが非常に多彩な生理作用を有しており、この分野の研究報告がますます増えているのが現状である．カカオマスのポリフェノールの量は他の植物のそれと比較して圧倒的に多いということは特筆すべきことである．

　カカオポリフェノールの機能として、第一にあげなければならないのは抗酸化作用であろう．「フレンチ・パラドックス」という言葉を流行語にしたのが赤ワインだった．つまりフランス人は、他のヨーロッパ諸国の人よりも動物性脂肪をたくさん摂るし、肉の消費量はヨーロッパトップなのに、心疾患による死亡率が低いのは、フランス人がどこの国よりもよく飲む赤ワインに含まれるポリフェノールの効能のおかげという説が Renaud et al. (1992) により唱えられ、これを「フレンチ・パラドックス」として WHO が注目したことからブームとなった．事実、赤ワインに血中脂質改善効果があることが、多くの研究者によって支持されている．

　一般的にポリフェノール類には抗酸化効果が認められており、日本では緑茶に関するポリフェノールの研究が比較的古くから行われてきた．チョコレートに含まれるポリフェノールも緑茶ポリフェノール成分と共通しているものもあ

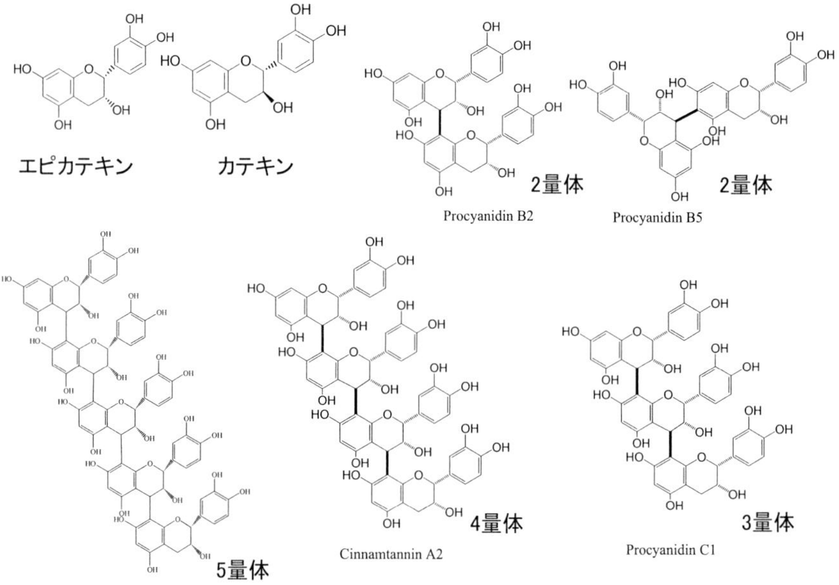

図3.2 カカオに含まれる活性成分と推定されるポリフェノール類（Hatano *et al.*, 2002；Natsume *et al.*, 2000）

り，同様の効果が認められている．このような流れからすれば，日本におけるチョコレート・ココア国際栄養シンポジウムに多くの発表が出てくるのは，当然かもしれない．しかし，重ねていえば，チョコレートやココアに含まれるポリフェノールの量は他の食品と比べても多量であることは注目すべきであろう．チョコレートから見出された主なポリフェノールを図3.2にあげる．

3.2.1　カカオ・ポリフェノールの口腔内衛生改善効果

　チョコレートにはスクロース（蔗糖）が入っているので，誰でも虫歯になりやすいだろうと考えるのは当然である．ところが，チョコレートにはう蝕を防ぐ作用のあることが，スウェーデンでヒトを対象にして行われた研究により明らかになった（Gastafsson *et al.*, 1954）．ビペホルム・スタディといわれる大規模な研究である．スウェーデンの大学都市といわれるルンド市にあるビペホルム精神病院で行われたものである．スクロース摂取がう蝕を起こすかどうか，

もし起こすならばどのような形で与えたらう蝕の発生を増加させるかを知るために行われたなかで，この事実が見出されたのである．すなわち，スクロースをチョコレートの形で与えた群では，スクロースをトフィーやキャラメルで与えた群よりも明らかに少ないことがわかった．また抗う蝕効果だけでなく，歯周病予防効果のあることがわかってきた．最近口臭についての話題が多くなっているが，鶴見大学歯学部の前田伸子らはこれに対しても有効性を見出し口腔衛生一般に対する研究も増えている（前田，2005）．大阪大学の大島隆，日本大学の福島和雄，国立予防衛生研究所の今井奨らも口腔衛生に関するカカオ・ポリフェノールの有効性をチョコレート・ココア国際栄養シンポジウムで報告している（大島，1998；福島，1995；今井，1996）．

3.2.2　ココアの消化管病原細菌抑制効果

杏林大学の神谷茂らは胃十二指腸潰瘍再発因子で胃癌のリスクファクターとして認められているヘリコバクター・ピロリ菌の増殖がココア熱抽出液で抑制されることを見出した（神谷，1997）．

また，わが国でも大規模な食中毒を発生して注目されたO157：H7腸管出血性大腸菌に対する殺菌効果のあることを報告している．この細菌はベロ毒素を産生して，脳症，腎不全などを起こすなどきわめて危険な細菌であり，恐れられているものである．さらに病原性大腸菌，赤痢菌，サルモネラ菌，コレラ菌，腸炎ビブリオに対してもココアの殺菌効果が認められている（神谷，1999）．ココアはカカオマスからココアバターを取り除いた部分からできているが，神谷らは，上記の殺菌効果がどのような成分によるものかを検討した結果，O157：H7大腸菌など病原性細菌の場合はカカオ・ポリフェノール画分にある物質であり，ピロリ菌の場合はポリフェノール以外の物質であることを確かめた（神谷，1998）．ポリフェノール以外にも，さまざまな有効成分を持つことがわかったのは興味のあるところである．

妊娠期に母親から胎児に口内有害細菌が伝染することにより，出生後の健康に大きな問題を起こすことがわかり，今後の重要な課題になりつつあることから（Kinane, 2007），口内細菌の問題についてはさらに注目すべきであろう．

3.2.3 カカオポリフェノールのがん抑制，免疫機能への影響

加齢に伴うさまざまな病態，あるいは生活習慣病といわれる慢性疾患の進行には，活性酸素が関与していることがわかっており，植物性ポリフェノールはこれらを抑えるのに有効である．発がん作用にはイニシエーションとプロモーション過程のあることがわかっているが，これらに対して抑制効果のある多くの植物性ポリフェノールを発表している（大澤他, 1997；大澤監修, 2005）．3.5節で詳しく述べるので，そちらを参照していただきたい．

3.2.4 カカオポリフェノールの生体内動態

カカオポリフェノールがどの程度吸収され，体内ではどのような動態をとるのかは，カカオポリフェノールの機能を知る上で重要である．1999年にリシェルらはスイート・チョコレートを摂取後，2時間後あるいは3時間後の血漿中にエピカテキンのピークが認められ，それは用量依存的であることを報告した（Richelle et al., 1999）．すなわちチョコレートのポリフェノールは比較的速く腸から吸収されていることがわかった．わが国でも寺尾純二らがチョコレートのポリフェノールの生体内動態の研究を精力的に進めており（寺尾, 2000），チョコレートの主要なポリフェノールであるエピカテキンを投与して間もなく，血漿中で大部分がグルクロン酸抱合体，硫酸抱合体メチル化体に代謝されて存在していることを見出している．おそらく腸管で抱合化やメチル化が起こっていると考えられている．ケルセチンのような他のフラボノイドでも，同様に抱合化やメチル化が行われていることがわかっている．ラットの消化管にはグルクロン酸抱合化酵素活性，肝臓および腎臓にはメチル化酵素活性，肝臓には硫酸抱合化酵素活性がみられることから，吸収されたカカオポリフェノールは，これらの酵素による代謝系の影響を受けているものと考えられている．しかし，ラットとヒトでは同じグルクロン酸抱合体でもその構造が違うことを寺尾らが確かめている（Baba et al., 2000）．さらにこれら血漿中に存在するチョコレートの代謝物である抱合体が抗酸化作用を維持しているか否かを検討し，明らかに抗酸化作用を示すことが証明された（Natsume, 2003）．このことは重要な知見であり，カカオポリフェノールの生体内での抗酸化性の持続時間を知る上

でも必要なことである．なお，その抗酸化活性はフラボノイドの構造と関係していることが明らかになりつつある．最近，カカオポリフェノールの重合体についての代謝とそれらの抗酸化活性についても報告が増えており，カカオポリフェノールの生体内動態に関する知見も増えつつある．

3.2.5 チョコレートはミネラルの宝庫

チョコレートには，重要な働きをするミネラルが含まれている．

比較的に多いミネラルとして銅，マグネシウム，カリウム，カルシウム，そして鉄があげられる．鉄はヘモグロビンの構成因子として重要であるが，このヘモグロビンの生成に銅が必須である（Prohaska, 1988）．また，腸からの鉄の吸収にもかかわっており，鉄と銅は表裏一体で貧血を防ぎ，体内に酸素を運ぶ役割を担っているのである．銅はまた，コラーゲンの形成にも関与しているほか心臓の正常な働きにも関係している微量元素である．また，マグネシウムは生体内の代謝にかかわる酵素の活性を支持する働きを持ち，とくに心臓を守る大切な働きをしていることがわかってきた．Karppanen et al. (1978) は摂取する Ca/Mg の比が高いほど虚血性心疾患の死亡率が高くなることを報告したが筆者らもラットの実験で同じような結果を得ており（池田他，1997），この実験では，マグネシウムを欠乏させると，突然死するものが多くなることを観察している．Johnson et al. (1997) は，心臓疾患で亡くなったヒトの心臓中マグネシウム含量が低いことを報告しておりマグネシウムの重要さを示している．かつて日本では豆腐を作るのに必ず「にがり」を使っていたが，これはマグネシウム塩だったので，マグネシウムの不足は考えなくてもよかった．しかし，最近は必ずしも「にがり」を使わないのでマグネシウムが不足する可能性が指摘されている．カルシウムが多すぎるとマグネシウム不足を助長することもわかってきており，われわれ日本人はカルシウムには気を使うが，マグネシウムをあまり気にしない傾向があるので Ca/Mg 比にもっと注意を向けたいものである．

3.2.6 カカオマスの機能はアンチエイジングにも関係する？

ラットに制限食を与えると寿命が延びることが McCay *et al.* (1935) によって報告されて以来，寿命延長に対する制限食についての実験研究が盛んに行われてきた．また，無菌動物も同様に寿命を延長することがわかり，筆者らもラットやマウスを用いて制限食と無菌条件で，生体内の臓器細胞のなかで，きわめて寿命の短い小腸絨毛の内皮細胞の寿命が延びることを報告した（Komai and Kimura, 1979）．また，マウスに制限食を与えると，T 細胞の数が増え，活性も上がることから，制限食では免疫機能を増強させることも，寿命を延ばす1つの要因であろうと考えられた（Hishinuma *et al.*, 1988）．分子生物学の進展でゲノム研究が進み，1980 年代になると，線虫ゲノム全遺伝子配列が解明され，寿命を延長する現象を遺伝子発現との関連で研究することが可能となったのである．すなわちカロリー制限が寿命を延長するという現象を遺伝子発現との関係で研究することが可能になったのである．遺伝子解析が容易であることから，これをモデル生物として寿命制御遺伝子の探索が行われ，これに関する研究でノーベル賞がいくつも生まれたほどである．井上（2014）はカカオ由来のプロシアニジンが線虫（*C. elegans*）の寿命を延長する事実を認め，そのメカニズムを検討した結果，線虫の嗅覚神経（AWCOFF）がプロシアニジンの寿命延長作用に寄与している可能性を示唆するとしている．ショウジョウバエや線虫で「餌のにおい成分」によって寿命が影響されるという報告もあり（Libert *et al.*, 2007），今後の検討が期待される．

3.3 チョコレートの脂質画分（ココアバター）

最初に述べたように，チョコレートの成分としてはカカオマスの成分であるカカオマスとココアバターがある．これに砂糖を加えたのがチョコレートといえよう．ここでは，カカオマスのもう1つの成分である脂質について若干述べることとする．

チョコレートのおいしさの1つの因子がココアバターであることはいうまでもない．しかし，脂質であるがゆえにカロリーが高い．したがって肥満しやす

いと考えられ，若い女性は肥満を心配しながらチョコレートを食べている．しかし，アメリカのクリチェフスキーは，ココア脂質はステアリン酸が多いために腸管吸収が悪く，脂質のなかでは実質カロリーが低い可能性を報告している（Krichevsky, 1995）．そこで筆者らはこれを検証する実験を行ってみた．

3.3.1 チョコレートは高エネルギー食品か？

　チョコレートは高カロリー食品であるというイメージが強くあるようである．これは，1937年，アメリカの兵士たちの野戦食をアメリカの有名なチョコレート会社ハーシーに作らせたことと関係しているかもしれない．あまりおいしくすると兵士は早く食べてしまうから，味を落とし，熱帯の砂漠でも融けないようなカロリーの高いチョコレートを作成することが目標だったようである．今でもアメリカ軍が使用しているとのことである．確かにチョコレートは高カロリーである．事実，100 g あたりのチョコレートのカロリーは 557 kcal であるが，他の菓子をならべてみると，ポテトチップスが 554 kcal，せんべいが 373 kcal，干いもが 310 kcal である．一度に摂取する量を考えれば，他の菓子と比べて際立って多いカロリーをとっているとはいえない．

　筆者らは 1966 年に東京都内の女子大生 80 名を対象にチョコレートに対するイメージを検討する調査を行ったことがある（木村，1996）．そのときの結果であるが，「チョコレートは肥満を起こすと考えるか？」の問いに対して，「はい」が 77% であった（図 3.3）．さらに「どんなお菓子が肥満の原因と考えるか？」の質問に対し，チョコレートは「考える」との答えの第 3 位にあり，明らかにチョコレートは肥りやすい食品の上位にあげられている（図 3.4）．しかしこのような答えを出した女子学生の BMI（肥満度を表す尺度）とチョコレート摂取量との相関（図 3.5）はまったくみられず，体脂肪率とチョコレート摂取量との相関もまったくないことがわかった（図 3.6）．

　脂質代謝の世界的権威であるクリチェフスキーは，第 1 回のチョコレート・ココア国際栄養シンポジウムでココアバターは他の油脂に比較して消化・吸収が低いことを報告し，実質的にはカロリーが低い可能性を示した（Krichevsky, 1995）．

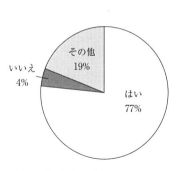

図3.3 チョコレートは肥満の原因になると思うか？

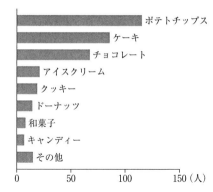

図3.4 どんなお菓子が肥満の原因と考えるか？

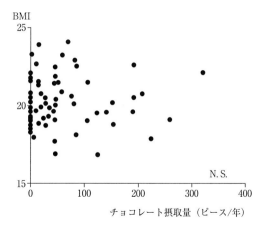

図3.5 チョコレートの摂取量とBMIとの相関

　筆者らは，各種食用油脂の膵外分泌を調べているので，果たしてココアバターの場合はどのような膵外分泌応答をするかをラットを用いて検討した．その結果，一般的な食用油脂，たとえば，コーン油と比較してリパーゼの分泌のピークが遅れ，その分泌量の推移もなだらかで，脂肪の消化が遅れていることを示唆する知見が得られ，クリチェフスキーの説を支持する結果を得た（稲毛他，2000）．

　これまでの実験は，ココアバターそのものを主に用いているが，実際のチョコレートの場合はどうであろうか．そこで，実際にチョコレートを含む実験食

3.3 チョコレートの脂質画分（ココアバター）　　　　　　　　　　　　85

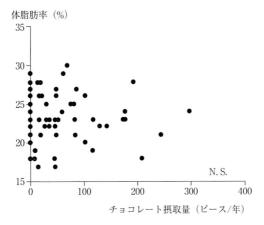

図3.6　チョコレート摂取量と体脂肪率との相関

をラットに投与したときの体重増加や脂肪蓄積についての知見を得るための実験を行った．すなわち肥満傾向があるのかを検討してみた．

3.3.2　チョコレートによる肥満は本当か？

前項で述べたように，チョコレートは脂肪を多く含んでおり，高エネルギー食品のイメージが強い．果たしてそうなのか？を探る目的でラットによる2実験を企てた（木村，1996）．

a.　実験方法

動物の飼育実験で，あるレベル以上の栄養状態では，食餌中カロリーがそのまま肥満のグレードに反映されるかというと，必ずしもそれほど鮮明に差が出ないことがしばしば経験することである．そこで，食物成分の肥満への影響を測る方法として，さまざまな試みがなされているなかで，フィンレイらの方法（Finley *et al.*, 1984）に興味を持ち，この方法で，再検討することにした．

すなわち，その方法というのは，50%に食餌を制限して，体重増加を抑えておいて，その後にこの基本食餌にエネルギーを検討しようとするサンプル（チョコレート実験飼料）を順次量を増やして，そのときの体重増加量をプロットすると添加量に比例して体重増加がみられるという方法である．

ラットに対する標準的飼料であるAIN93精製飼料，およびAIN93精製飼料

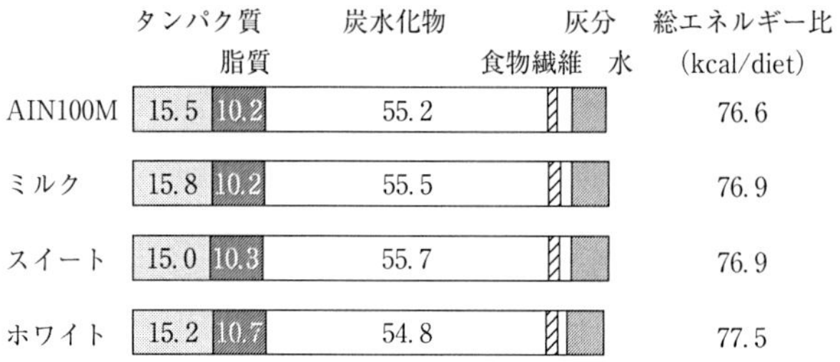

	タンパク質	脂質	炭水化物	灰分 食物繊維 水	総エネルギー比 (kcal/diet)
AIN100M	15.5	10.2	55.2		76.6
ミルク	15.8	10.2	55.5		76.9
スイート	15.0	10.3	55.7		76.9
ホワイト	15.2	10.7	54.8		77.5

図 3.7　実験食の栄養素組成

の原料を用いてミルクチョコレート含有飼料と栄養成分が等しくなるように調整した飼料（AIN93M）を対照飼料とし，これを与えた群を対照群とした．また，AIN93を基本食餌として，これに3種のチョコレート（ミルクチョコレート，スイートチョコレート，ホワイトチョコレート）で，それぞれエネルギーとして20%分（成分分析値から計算した）を置き換えて作ったチョコレート実験飼料を作成し（図3.7），これらを与える実験群を設けた．

b. 実験結果

給餌量が最大となってから2週間の体重増加から算定した結果，飼育期間中の体重増加はAIN93M群が最も高く，次いでホワイトチョコレート群，ミルクチョコレート群の順で，最も体重が低かったのはスイートチョコレート群であった．AIN93群のエネルギーを100として相対エネルギーを計算した結果，チョコレートのカロリーは，その種類によって異なるが，いずれもアトウォーター法による計算値よりも少ない70〜80%の数値が示された（図3.8）．AIN93M群とチョコレート群の体重差はAIN93Mに含まれるAIN93の脂肪とチョコレートの脂肪のエネルギー差と考えられる．この結果はクリチェフスキーが示唆したように，ココアバターの吸収が悪いことが考えられる（Krichevsky, 1995）．これらの結果からみると，チョコレートは食品分析表にある数値よりもむしろ低い可能性が高く，小さなベルギー・チョコレートを頂くといった食べ方では，肥満を心配することはなさそうである．

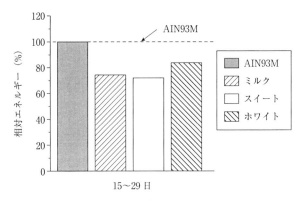

図 3.8 体重増加から算定した相対エネルギー

3.4 チョコレートの砂糖画分

チョコレートの美味しさの1つの要因がカカオマスに加わった砂糖であることは確かなことであろう．砂糖はう蝕をおこす病原細菌を増やすために，う蝕の最も直接的な原因であるといわれている．しかし3.2.1項で述べたように，カカオポリフェノールにはう蝕を防ぐ作用のあることがわかってきていることから，チョコレートは他の砂糖菓子よりもう蝕を起こす力は弱いといえよう．なお，近年う蝕の罹患率と砂糖の消費量のあいだの相関が必ずしも成り立たないということがみられるようになり，う蝕に対する処置法が発達してきたので，砂糖だけの問題ではなくなりつつある．

チョコレート・ココア国際栄養シンポジウムで砂糖について講演したトロント大学のアンダーソンとスウォンジー大学のベントンは，筆者が代表で農畜産振興事業団（現 独立行政法人 農畜産業振興事業機構）から「医学的・栄養学的な見地からの砂糖に関する研究」を受託したときの共同研究者である．この研究は1998年から2000年までの3年間，約10名の研究者で行われたが，両教授とも栄養学・生理学の世界的に著名な学者である．この研究グループとしては，生体の生理作用に対する砂糖の積極的な機能の解明にも取り組んだ．チョコレート・ココア国際栄養シンポジウムでは，アンダーソンは砂糖を悪者に

するあまり，非科学的な扱いが多いことについての例を示し，もっと糖質の機能の研究に広い視野で取り組むべきであることを述べた（Anderson, 1996；Anderson et al., 2012）．ベントンは主として砂糖の脳における機能について述べられ，記憶力や認識能力あるいは思考力などとの関係では，砂糖がいかに重要な働きをしているかを多くの例を出して述べた（Benton, 1994；2003）．たとえばドイツで行われた運転シミュレーターを使っての実験で，糖入りの飲料と人工甘味料入りのプラセボ飲料を与えた2組の被験者群を比較した結果，走行距離70 kmまでは両者ともほとんど事故を起こさないが，それ以後になると，プラセボ群の被験者は事故を続出する結果となり，脳のグルコース供給に対する要求がかなり長時間にわたって続いた場合に糖摂取のメリットが出ている例を報告した．また，アルツハイマー型認知症は，記憶を非常に大きく喪失するという特徴を持っているが，神経伝達物質としてアセチルコリンが作用する神経細胞が破壊されている特徴を持つことがわかっている．実験動物を使った研究では，グルコースを投与するとアセチルコリンの産生，放出が増大し，記憶が改善されるというデータがあることを話され，糖質はアセチルコリンの生成を高めるのに重要であることを主張した．なお，チョコレート・ココア国際栄養シンポジウムで3回講演をお願いしている東京医科大学の武田弘志（現 国際医療福祉大学）も上記のグループのメンバーである．カカオマスの抗ストレス効果に関する研究を筆者らと共同で行った（武田，1994）．その結果，活動性ストレスパラダイムで惹起する病態に対してグルコースは重要な抑制効果のあることを確かめた．

　なお，上記の砂糖に関する研究成果の報告は2001年11月に国連大学でILSI（国際生命科学研究機構・日本支部）主催で"Glysemic carbohydrate and health"（糖質と健康）というテーマで行われ，そのプロシーディングスは*Nutrition Reviews*に掲載され，日本語版としてG. H. Anderson・木村修一・足立堯監修で『糖質と健康』（建帛社）を出版しているので，詳しい内容を知りたい方は参照されたい． 〔木村修一〕

3.4 チョコレートの砂糖画分

文　献

Anderson, G. H. (1996). 砂糖の摂取と健康, 第2回チョコレート・ココア国際栄養シンポジウム.
Anderson, G. H. (2012). *J. Nutr.*, **142**(6), 1163S-1169S.
Anderson, G. H.・木村修一・足立 堯監修, 日本国際生命科学協会糖類研究部会編 (2003). 糖質と健康, 建帛社.
Baba, S. *et al.* (2000). *Free Radic Res.*, **33**(5), 635-641.
Benton, D. (1994). 糖と脳の機能, 第3回チョコレート・ココア国際栄養シンポジウム.
Benton, D. (2003). *Psychopharmacology*, **166**(1), 86-90.
Finley, J. W. *et al.* (1984). *J. Agric. Food Chem.*, **42**, 489.
福島和雄(1995). カカオ豆水抽出物の抗う蝕作用, 第1回チョコレート・ココア国際栄養シンポジウム.
Gustafsson, B. *et al.* (1954). *Acta Odontologica Scandinavia*, **11** (3-4), 232-264
Hatano, T. *et al.* (2002). *Am. J. Clin. Nutr.*, **95**, 740-751.
Hishinuma, K. *et al.* (1988). *Immunology Letters*, **17**, 351-356.
池田尚子他 (1997). *Bull. Natl. Inst. Health Sci.*, **115**, 112-118.
今井 奨(1996). 口腔衛生とチョコレートの評価, 第2回チョコレート・ココア国際栄養シンポジウム.
稲毛寛子他 (1998). 消化と吸収, **21**(2), 73.
稲毛寛子他 (2000). 消化と吸収, **23**(2), 122-125.
井上英史 (2014). カカオ由来プロシアニジンによる *C. elegans* の寿命延長と感覚神経の寄与, 第19回チョコレート・ココア国際栄養シンポジウム.
Johnson, C. J. *et al.* (1979). *Am. J. Clin. Natr.*, **32**(5) 967-970.
梶 睦 (2004). チョコレート・ココアの食文化と歴史. チョコレート・ココアの科学と機能 (福場 博・木村修一・板倉弘重・大沢俊彦編), アイ・ケイコーポレーション.
神谷 茂 (1997). ピロリ菌感染に及ぼすココアの影響, 第3回チョコレート・ココア国際栄養シンポジウム.
神谷 茂 (1998). 消化管病原菌に及ぼすココアの抑制効果, 第4回チョコレート・ココア国際栄養シンポジウム.
神谷 茂 (1999). カカオに含まれる抗菌物質の分析と下痢原性細菌への効果, 第5回チョコレート・ココア国際栄養シンポジウム.
Karppanen, H., Pennanen, R. and Passinen, L. (1978). *Adv. Cardiol.*, **25**, 9-24.
慶長遣欧使節船協会編 (1993). よみがえった慶長使節船, 河北新報社.
木村修一 (1996). チョコレート摂取が肥満に及ぼす影響, 第2回チョコレート・ココア国際栄養シンポジウム.
Kinane, D. F. (2007). 歯周病と体の健康に関連した研究の概要, イルシー, No. 94.
公益財団法人ソルト・サイエンス研究財団 (2008). 食品科学プロジェクト研究報告書.
Komai, M. and Kimura, S. (1979). *J. Nutr. Sci.Vitaminol.*, **25**, 87-94.
Krichevsky, D. (1995). カカオ脂の主要脂肪酸ステアリン酸の代謝, 第1回チョコレート・ココア国際栄養シンポジウム.
Libert, S. *et al.* (2007). *Science*, **315**, 1133-1137.
前田伸子 (2005). ココアは口腔の健康維持に貢献する, 第10回チョコレート・ココア国際栄養シンポジウム.
McCay, C. M., Crowell, M. F. and Maynard, L. A. (1935). *J. Nutr.*, **10**, 63.
Natsume, M. *et al.* (2003). *Free. Radic. Biol. Med.*, **34**, 840-849.
大澤俊彦監修(2005). がん予防食品開発の新展開―予防医学におけるバイオマーカーの評価システム, pp. 238-244, CMC出版.
大澤俊彦他 (1997). カカオポリフェノールの発ガン予防作用, 第3回チョコレート・ココア国際栄養

シンポジウム．
大嶋　隆（1998）．カカオ抽出物におけるう蝕抑制作用．第4回チョコレート・ココア国際栄養シンポジウム．
Prohaska, J. R. (1988). Biochemical functions of copper in animals. *Essential and Toxic Trace Elements in Human Health and Disease* (Prasad A. S. (ed.)). pp. 105-124, Alan R Liss.
Renaud, S. and de-Lorgeril, M. (1992). *Lancet*, **339** (8808), 1523-1526.
Richelle, M. *et al.* (1999). *Eur. J. Clin. Nutr.*, **53**(1), 22-26.
武田弘志（1994）．カカオマスポリフェノールの薬理学的特徴―抗ストレス効果―，第3回チョコレート・ココア国際栄養シンポジウム．
寺尾純二（2000）．カカオポリフェノールの吸収と代謝．第6回チョコレート・ココア国際栄養シンポジウム．

◀ 3.5　チョコレートの持つ機能性研究の足跡 ▶

　チョコレートの原料であるカカオ豆は世界的に重要な産業資源であり，西アフリカ，中南米，東南アジアの熱帯雨林地域において生産されている．カカオ *Theobroma cacao* はアオギリ科テオブロマ属の一種で，原産地は南米のアマゾン川，オリノコ川流域と考えられている．カカオ豆には油脂（ココアバター）が豊富に含まれ，またタンパク質や糖質などの栄養成分の他に，ポリフェノールやテオブロミンといった機能性成分が多量に含まれている．カカオ豆可食部分のポリフェノールは，子葉に存在するポリフェノール貯蔵細胞に含まれているといわれている．従来カカオ豆のポリフェノールは，チョコレートやココアの色やフレーバーといった食品としての品質にかかわる一成分として関心が持たれ研究されてきた．現在，われわれが食べているチョコレートやココアは，原産地でカカオポッドを割り，中の豆と周辺のパルプ部分を一緒に発酵，乾燥させたあと，日本に輸出され，焙焼されたのちペースト状に加工されたカカオマスを原料にして製造されている．カカオマスに砂糖やミルクを加え，成型してチョコレートが作られ，また，このカカオマスから物理的に脂肪分（ココアバター）を取り除いたものがココア製品となる．近年，そのカカオ豆の成分研究が進められ，新たなる機能性が明らかになっており，その機能性成分として，ポリフェノールが注目された．筆者は，1990年頃から，カカオポリフェノールの持つ機能性，とくに，抗酸化性に大きく注目した．幸い，当時の（株）明

治製菓研究所の越阪部奈緒美(現 芝浦工業大学教授)や夏目みどり(現(株)明治 研究所)らを中心とする研究グループとの共同研究をスタートすることができ,それらの成果を,1995年に開催された第1回チョコレート・ココア国際栄養シンポジウムで発表することができた.その後,このシンポジウムは大きく注目され,2014年に,第19回チョコレート・ココア国際栄養シンポジウムが開催されている.

　われわれが,日本でスタートさせたチョコレート・ココアの機能性研究は,ヨーロッパやアメリカでも大きく注目され,多くの国際学会や国際シンポジウムが開催され,筆者も,招待講演や基調講演を行うため,たびたび欧米の各地へ出かけていった.世界に先駆けた筆者らの機能性研究は,動物細胞レベルから動物モデルの研究が主流であったが,2000年以降の欧米の研究の主流は,ヒト臨床研究へと移っていった.このような背景で,当時のシンポジウムの組織委員長を務めていた福場博保,その後任の木村修一,副委員長を務めている板倉弘重と筆者の4人が編集者となって,シンポジウムの講演者を中心に原稿依頼し,2004年に『チョコレート・ココアの科学と機能』(アイ・ケイコーポレーション出版)を刊行することができた(福場他編,2004).

　そこで,本節では,2000年以降のヒト臨床研究の情報を中心に紹介し,さらに,(株)明治の研究所を中心に進められたカカオポリフェノールを対象とした動物モデルや細胞モデルを用いた研究の流れなども含め,チョコレート・ココアの機能性研究を紹介してみたい.

3.5.1　機能性食品研究の夜明け

　日本人の食生活の急激な欧米化の結果,カロリー摂取の急増,とくに,過剰な脂肪摂取の結果,男女ともに大腸がんの発症が急激に増加し,男性の前立腺がん,女性の乳がんも急増するなど,今まで日本の長寿を支えてきた日本型食生活も大きな曲がり角にきている.とくに,長寿県として知られる沖縄でも,かつては全国1位を誇った平均寿命も,男性,女性ともに低下し,とくに,50歳以下の年齢層では,男性,女性ともに死亡率が全国平均を上回っており,このままの状態が続くと,世界最長寿命の看板を降ろさざるをえない,と危惧さ

れている（大澤監修，1995）.

このような状況下で，世界的な研究アプローチのなかで注目されたのが，肉や乳製品が中心の食生活から野菜や魚介類を中心とした食生活への見直しである．なかでも，アメリカでは膨大な疫学研究のデータを背景に，健全な食生活ががんの予防に大きな影響を及ぼすとの考えから「デザイナーフーズ」計画，すなわち，「植物性食品によるがん予防」計画が1990年にスタートし，この概念は，現在では世界の研究者だけでなくマスコミも含めて広く浸透してきている．この「デザイナーフーズ」計画の特長は，がん予防に対する重要度を指標に，野菜や果物，香辛料などを図3.9のようなピラミッド型に並べたことである．このような野菜や果物にがん予防の効果が期待されている背景には，アメリカで長年にわたり行われてきた莫大な疫学を基礎とした研究があげられている（大澤，1996）．たとえば，宗教上の理由から酒やタバコなどの嗜好品は摂らずに菜食主義を貫いている一派（ユタ州を中心とするモルモン教徒やカリフォルニア州に多く居住するキリスト再臨派（Seventh Days Adventist, SDA）などが知られている）が多く存在し，彼らは平均的なアメリカ人に比べてがん発生率が非常に低いことが知られており，野菜や果物を中心とする食習慣がが

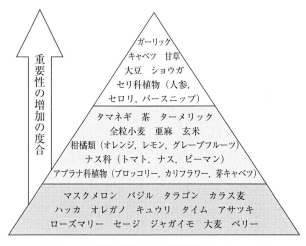

図3.9 がん予防が期待できる植物性食品のピラミッド

ん予防の秘密が隠されているのではないか，と大きく注目されてきた．非栄養素と呼ばれる成分の摂取が，がんをはじめ生活習慣病と呼ばれる疾病の予防に重要な役割を果たしているのではないか，と多くの注目を集めてきた（大澤, 2007）．「非栄養素」とは，糖質，脂質，タンパク質という三大栄養素に必須微量栄養素であるビタミン，ミネラルを加えた五大栄養素と，第六の栄養素といわれる食物繊維以外の成分，すなわち，ポリフェノール類やイオウ化合物，テルペノイドやアルカロイド，カロテノイドなどの食品成分の総称である．

では，日本ではどうであろうか？ アメリカの「デザイナーフーズ」計画で取り上げられた約40種の野菜や果物，香辛料や穀類，嗜好品類には，同じ科や類の食品群に共通する非栄養素が含まれていることに着目し，科や類によって食品群のバランスを図ることを提唱した．そこで，「デザイナーフーズ」計画に取り上げられていなかった日本伝統の食品素材も含めて，がんをはじめ生活習慣病と呼ばれる疾患を予防する「12の食品群」の概念を提案した（表3.1）．ここで，強調したいのは，1つの分類の食品素材を大量に摂取するのではなく，できれば，1～2日の食事で12分類に含まれる食品をまんべんなく食べるように心がけたいと提案している（大澤, 2003）．

ただ，「デザイナーフーズ」計画がスタートした当時はまだ，嗜好品，とくに，

表3.1 生活習慣病の予防が期待できる12の食品群

ユリ科	タマネギ，ニンニク，アサツキ，ニラ
アブラナ科	キャベツ，ブロッコリー，カリフラワー，ダイコン，カブ，メキャベツ
ナス科	トマト，ナス，ピーマン，ジャガイモ
セリ科	人参，セロリ，パースニップ，パセリ，セリ
ウリ科	キュウリ，メロン，カボチャ
キク科*	ゴボウ，シュンギク
ミカン科	オレンジ，レモン，グレープフルーツ
キノコ類*	シイタケ，エノキ，マッシュルーム，キクラゲ
海藻類*	ヒジキ，ワカメ，コンブ
穀類・豆類・油糧種子	玄米，全粒小麦，大麦，亜麻，エン麦，大豆，インゲン豆，オリーブ
香辛料	ショウガ，ターメリック（ウコン），ローズマリー，セージ，タイム，バジル，タラゴン，甘草，ハッカ，オレガノ，ゴマ，シソ
嗜好品	緑茶，紅茶，ウーロン茶，ココア，チョコレート

*デザイナーフードプログラムにはなくて，日本食に特有な食品群．

カカオやチョコレートの機能性成分についてはあまり重要視されていなかった．しかし，非栄養素に属する微量食品成分をヒトが摂取したのちに代謝され，生体に及ぼす種々の生理・生体機能に多くの注目が集められてきた．筆者らは，このような成分を「フードファクター」（食品因子）と命名し，「食品」とか「医学」という分野を越えたボーダーレスの研究をスタートした．

3.5.2　今なぜチョコレートに注目？

「デザイナーフーズ」計画がスタートした1990年代，アメリカの成人の25%は高血圧であり，このままでは，国の健康保健対策に膨大な費用が必要となるという危機感が持たれた．そこで，当時のアメリカにおける高血圧境界領域の成人男子を対象として，DASH (dietary approaches to stop hypertension) と呼ばれる高血圧撲滅運動がスタートしたのである (Sacks *et al.*, 1995)．その内容は，

①食生活：果物，野菜を多く摂り，全粒穀類，低脂肪乳製品，不飽和度の高い脂肪酸を摂取する

②ナトリウムを少なく，カリウムやカルシウムを多く摂る，体重管理，積極的な運動，節酒

③植物由来のフラボノイドの摂取

というものであり，一般的にもよく知られたキャンペーンである．

このなかで，とくに注目されたのは，フィトケミカル，とくに，植物由来のポリフェノール摂取であり，血圧やコレステロール低下，心疾患リスクの低下，精神的にも効果があるという多くの研究の出発点となった．筆者が，機能性食品成分の研究をスタートした1980年代は，ポリフェノールをはじめ，「非栄養素」と呼ばれる多くの機能性成分は，あまり注目されていなかった．日本では，1984年に「食品の機能性」に関する研究プロジェクトが世界に先駆けてスタートしている．このプロジェクトは，他に類をみないまったく新しいコンセプトの産官学連携の研究計画であり，特徴は，「栄養機能」である1次機能，「感覚機能」の2次機能に加えて食品研究の場に3次機能として「生理生体調節機能」という新しい概念が取り入れられた点である．その結果，神経系，循環系，内

分泌系，外分泌系，細胞分化調節，生体防御，免疫および消化系調節機能というように広い範囲での生体に対する作用が対象となり，多くの興味ある知見を得ることに成功した．この「機能性食品」の概念は，「機能性成分を精製・抽出して純粋な形で摂取するのではなく，あくまで食品の形態を保ちつつ機能性成分が濃縮されて機能を果たすように創製しよう」というもので，この流れは，欧米でも「健全な食生活」として定着してきている（大澤，2010）．

このような背景で，われわれがとくに注目したのが，チョコレート，とくにカカオが健康に及ぼす効果であった．1995 年 9 月に，アカデミック側からは，大学を中心にチョコレートの機能性にかかわる研究者をはじめ，生産者など企業や消費者も参加した産官学連携の第 1 回チョコレート・ココア国際栄養シンポジウムが開催され，マスコミでも大きく取り上げられた．その結果，オーバーヒート気味のココアブームが沸き起こった．

世界的には，チョコレート・ココアに関する研究のスタートは疫学的研究であり，パナマ沖の島に住む原住民，クナ族インディアンの研究から始まった．クナ族を対象とした，食生活と高血圧の発症の相関性に関する最初の研究は，1940 年代に行われた予備的な研究であった（Kean, 1944）．その後，1990 年代に入り，本格的な研究が行われ，とくに，食塩摂取量はアメリカ人とあまり差がないのにクナ族には高血圧が少ないことが大きく注目された（Hollenberg et al., 1997）．島部に住むクナ族は高血圧が 2% だが，パナマ市に住むクナ族は伝統的な食生活をやめ都市生活を送っており，そのために，高血圧が 10% 以上にみられた．ココアは抗酸化作用を持つフラボノイドであるフラバノールを含み，クナ族は 1 日 5〜7 杯飲んでいるためであると推測された．

その後も，クナ族の研究は世界的に大きく注目され，2006 年に詳細な疫学研究が報告された（McCullough et al., 2006）．その内容は，1999 年 4 月から 10 月にかけて，パナマ沖のアイリガンディ（Ailigandi）島に住み，伝統的な食生活を送るクナ族の成人 133 人とパナマ市街地（ベラクルス（Vera cruz）地域）に住む 183 人のクナ族成人との比較であった．アイリガンディ島に住むクナ族成人は，ベラクルス地域に住むクナ族成人に比べ，4 倍の魚，2 倍の果物，10 倍の伝統的なココア飲料を飲んでいた（$p<0.05$）．それらの結果を表 3.2

表 3.2 島部と都市部に住むクナ族の特徴
アイリガンディ島住民 n = 133, 都市部（ベラクルス）住民 n = 178. †P<0.05, ‡P<0.05.

	(平均値±SD)	
	アイリガンディ島住民	都市部（ベラクルス）住民
年齢	41±1.4	36±1.0†
性別（% 女性）	61%	61%
収縮期血圧（mmHg）	98.2±1.2	102±1.1†
拡張期血圧（mmHg）	58.4±0.7	64±1.2‡
BMI（kg/m^2）	22.6±0.3	23.4±0.3
体重（kg）	51±0.8	53.5±0.8†
身長（cm）	150.1±0.7	150.9±0.8
血漿コレステロール量（mg/dL）	191±3.5	195±3.6
尿中尿素量（mg/g クレアチニン）	6852±209	7097±155
尿中ナトリウム量（mEq/g クレアチニン）	177±9	160±7
尿中カリウム量（mEq/g クレアチニン）	48±3	41±2†
尿中カルシウム量（mg/g クレアチニン）	121±7	119±5
尿中マグシウム量（mg/g クレアチニン）	78±4	73±3

に示したが, 最も大きな注目を集めたのが, 血圧であった. アンケート調査では, 島部のクナ族住民は, 1日あたり, 7.1±1.1ティースプーン/週の食塩を摂り, 市街地のクナ族住民は4.6±0.3ティースプーン/週であったが, 血圧は, 島部住民の方が圧倒的に低かった. 実際に, 尿中のナトリウムレベルを測定した結果でも, 島部住民の方が有意に低い血圧であり, カリウム量も同じ傾向であった. このことは, 魚介類を多く摂取するためではないかと推定されているが, なぜ, 島部住民は高血圧にならないのであろうか？ その答えが, 市街地住民に比べて1桁多い「カカオ飲料」の摂取である. クナ族の伝統的なカカオ飲料は, トウモロコシと混ぜて飲むもので, 牛乳や砂糖が多く含まれている一般的なココアやチョコレートとは異なるが, どのような機能性成分が存在しているのか, 大きな注目が集められた.

3.5.3 チョコレート摂取による糖尿病予防と血圧低下作用への期待

2005年に, 健常人のスイートチョコレートの摂取は, ヒト臨床試験においてインスリン感受性を高め, 血圧降下に有効である, という興味ある研究報告が発表された（Grassi *et al.*, 2005）. 成人15人に100gのスイートチョコレー

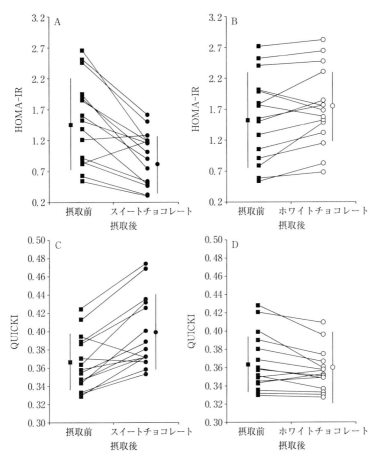

図 3.10 スイートチョコレート，ホワイトチョコレート摂取前後におけるインスリン抵抗性（HOMA-IR）とインスリン感受性（QUICK1）の比較
HOMA-IR：P＜0.001, QUICK1：P＝0.001.

トと90gのホワイトチョコレートを15日間無作為に与え，その後，7日間ウォッシュアウトしたのち，入れ替えた摂取実験（クロスオーバー試験）が行われた．その結果，図3.10に示したように，インスリン抵抗性（HOMA-IR）は，ホワイトチョコレート摂取では$1.72±0.64$であったのに対し，スイートチョコレート摂取では有意に減少し，$0.94±0.42$であった（$p<0.001$）．一方，インスリン感受性は，ホワイトチョコレート摂取の$0.356±0.023$に対し，スイー

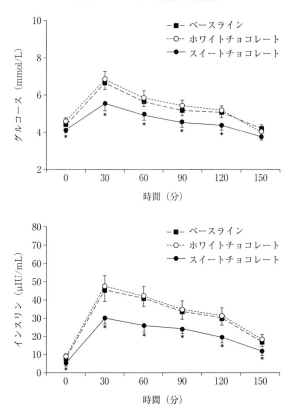

図 3.11　血漿中グルコース量とインスリン量の経時変化
15 日間のスイートチョコレート，ホワイトチョコレート摂取後における耐糖能試験 (75 g D-グルコース投与後 $n=15$)．平均値±SD，$P<0.05$．

トチョコレート摂取は，$0.398±0.039$ と有意に上昇していた（$p<0.001$）．さらに，血圧も，収縮期血圧は，ホワイトチョコレート摂取では $113.9±8.4$ mmHg であったのに対し，スイートチョコレート摂取では $107.7±8.5$ mmHg と低下していた．ちなみに，100 g のスイートチョコレートには，500 mg のポリフェノールが含まれた製品が実験に用いられた（図 3.11）．

❀ コラム8　アジア系人種では初の大規模調査「蒲郡スタディ」とは？ ❀

　チョコレートの健康効果を検証する大規模臨床試験が，愛知県蒲郡市，愛知学院大学，（株）明治研究所という産官学が連携し，蒲郡市民病院などの協力を得て実施された．その最大の意義は，欧米人だけに認められてきたチョコレートの健康効果が，日本人に対しても認められたということである．今までの多くの欧米で行われたヒト臨床研究では，カカオポリフェノールが含まれない「ホワイトチョコレート」と通常の「スイートチョコレート」を実際に食べるという実験が行われている．ところが，これらの調査では1日に100g，500kcal以上のチョコレートを被験者は食べる必要がある．摂取するチョコレートの量が多く，カロリーも高いので，食べ続けることにデメリットが生じていた．

　今回の蒲郡スタディでは，こうしたカロリーのとりすぎを避けるため，カカオポリフェノールが72％含まれる「スイートチョコレート」を選び，蒲郡市内外の347人を対象に，4週間，1日25g摂取してもらった．その結果，有意な血圧の低下がみられた．図1に示したように，血圧が高めの人の方が正常血圧の人より低下するという興味ある内容となった．

　今回の蒲郡スタディでは，血液を採取してコレステロールや尿酸値など，さまざまな数値を検査したが，際立った結果が出たのが，血管の中のLDL（悪玉）コレステロールを排除する役割を持つ，HDL（善玉）コレステロール値の有意な上昇であった（図2）．善玉コレステロールは，体の末梢組織や血液中の余分なコレステロールを肝臓に戻して動脈硬化予防につながる働きが期待されるの

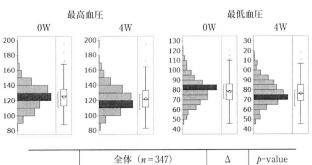

	全体 ($n=347$)		Δ	p-value
	0W	4W		
最高血圧	125.3±16.4	122.7±16.3	−2.62	<0.001
最低血圧	78.8±12.9	76.9±12.6	−1.88	<0.001

平均値±標準偏差　　　　ウィルコクソンの符号付き順位検定

図1　被験者全体での血圧の変化（最高血圧・最低血圧）

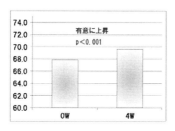

図2 HDLコレステロール値の変化

で，チョコレート摂取でHDLコレステロールを増加することは，動脈硬化の予防が期待できる．

　最近では日本でもカロリーが低く，ポリフェノールの多い，おいしいチョコレートが販売されている．こうしたものを1日に25 g程度食べる，というのを，日本人の新しい習慣にしていただければと期待される． [大澤俊彦]

3.5.4 チョコレートのヒト臨床研究でのメタアナリシス

　メタアナリシスというのは，統計的手法を用いて，異なった研究の結果を総合的に評価するプロセスのことである．チョコレート摂取にかかわるメタアナリシスの論文として注目されたのは，2010年の6～10月のあいだに発表された論文から，チョコレート摂取と心疾患や糖尿病の発症に直接かかわる疫学研究を18報選び出して行われたメタアナリシスである（Buitrago-Lopez, 2011）．世界保健機構（WHO）は，2030年までには，世界中で2360万人が心疾患で死亡すると予測しており，また，現在，世界の成人の5分の1がメタボリックシンドロームと診断され，とくに，大きな問題となっているのが心疾患と2型糖尿病である．この論文では，チョコレートの摂取の頻度を2～4のカテゴリーに分けて解析している．

① 2つのカテゴリー：(1) 週に1回未満，(2) 週1回以上
② 3つのカテゴリー：(1) まったくチョコレートを摂取しない，(2) 月に1回から週に1回未満，(3) 週1回以上
③ 4つのカテゴリー：(1) まったくチョコレートを摂取しない，(2) 月に1回から週に1回未満，(3) 週1回，(4) 週1回を超える

最終的には，チョコレート摂取により心疾患は37%，糖尿病は31%，脳卒中

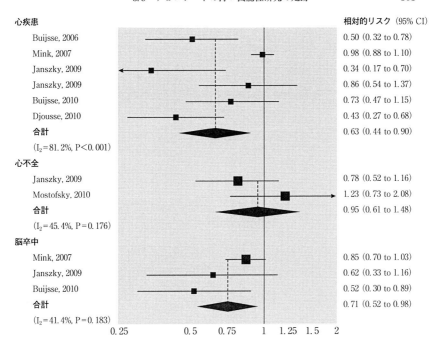

図 3.12 チョコレート消費の多い群と少ない群における心疾患,心不全,脳卒中の発症率の相対的リスク

は 29% 減少するという,興味あるデータであった(図 3.12).

では,このチョコレートの持つ生理機能は何に由来するのであろうか? ここで登場するのが,カカオポリフェノールである.チョコレートの原料であるカカオ豆は紀元前 2000 年頃から「神々の食べ物」と呼ばれ,食品というよりはむしろその薬効を期待して医薬品として用いられてきた.生のカカオ豆は現地で発酵・乾燥されたあとに輸出され,その後生産工場にて焙焼・磨砕される.ここに砂糖を加え成型したものがチョコレートであり,油脂分を除いた残渣がココアとなる.この豆類の一種であるカカオ豆にはフラボノイドなどのフェノール性水酸基を複数持つポリフェノール類が多量に含まれていることは従来から知られていた.しかし,発酵や焙炒を経て,チョコレートやココアなどの食品として加工された場合の挙動についての報告は皆無に等しい.筆者らの研究グループは,チョコレートの主原料であるカカオマス中のポリフェノール類

を分離・精製し，構成成分を化学的に明らかにするとともに，実験動物を用いてその有効性，とくに，抗酸化性を中心とした生理機能を明らかにした．その当時は，生活習慣病や認知症などの疾病の発症における活性酸素の役割はもちろん，抗酸化物質の重要性に対する認識は，あまり高くなかった．

3.5.5 活性酸素障害に対する抗酸化物質の役割
a. 過剰に発生した活性酸素が人体に与える影響

ヒトをはじめとする好気性生物は，酸素を利用してエネルギー代謝を行っている．われわれの身体が正常のときには，体内に取り込まれる酸素の数％程度が「活性酸素・フリーラジカル」に変換されることが知られている．これらの活性酸素・フリーラジカルの作用には，功罪の二面性がある．図3.13に示したように，呼吸の際のエネルギー源として重要であり，プロスタグランジンをはじめとする多種多様なホルモンの合成，また，一酸化窒素（NO）による情報伝達や抗菌・抗ウイルス作用などのような生体防御として重要であることが知られている．一方，罪の面としては，ストレスや紫外線，喫煙などにより過剰に生成する活性酸素種は生体内でDNAや細胞膜などに酸化的障害をもたらし，皮膚障害などの炎症反応，細胞膜障害を引き起こし，最終的には，老化や生活習慣病などの疾病の原因となると考えられている．

このような活性酸素種による障害から身体を守るために，われわれ体内には，

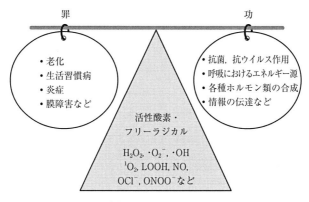

図3.13 活性酸素・フリーラジカルの功罪の二面性

表3.3 代表的な抗酸化酵素と抗酸化物質

抗酸化酵素	スーパーオキシドジスムターゼ（SOD），カタラーゼ，グルタチオンペルオキシダーゼ
抗酸化ビタミン類 　脂溶性抗酸化ビタミン 　水溶性抗酸化ビタミン	 ビタミンE，カロテノイド，ユビキノール（コエンザイムQ） ビタミンC（アスコルビン酸）
脂溶性低分子物質	ビリルビン
水溶性低分子物質	グルタチオン，尿酸，カルノシン

さまざまな抗酸化成分が存在している．表3.3に示したように，大別すると，抗酸化酵素と低分子の抗酸化物質が存在する．代表的な抗酸化酵素であるスーパーオキシドジスムターゼ（SOD）やカタラーゼ，グルタチオンペルオキシダーゼなどが代表的な抗酸化酵素である．若い年代では十分な機能を果たすこれらの抗酸化酵素は，加齢とともに減少し，生体の防御機能が低下するものと考えられている．さらに，これらの酵素的な生体防御反応で十分に不活性化・無毒化できなかった活性酸素・フリーラジカルに対しては，エース（ACE）と呼ばれる脂溶性抗酸化ビタミン（ビタミンE）やカロテノイド（ビタミンAを含む）やユビキノールとともに水溶性ビタミン（ビタミンC）による不活性化反応が知られている．抗酸化ビタミン以外にも，ビリルビンのような脂溶性低分子抗酸化物質やグルタチオン，尿酸，カルノシンなどの水溶性抗酸化低分子物質も，過剰に生成した活性酸素・フリーラジカルを化学的な反応で不活性化することが知られている．

しかしながら，加齢や過剰な運動，カロリー摂取過剰や喫煙，過度な日光曝露などの結果，これらの抗酸化的な生体防御機構は低下し，その結果，脳内神経細胞の酸化変性が生じ，アルツハイマー症をはじめとする神経疾患が誘導され，また，がんや動脈硬化，糖尿病の合併症などの生活習慣病が引き起こされる．このような老化関連疾患の予防には，ライフスタイル，とくに，健全な食生活が必要となる．なかでも，植物性食品中のフィトケミカルが大きな注目を集め，とくに抗酸化成分として知られるフィトケミカル，すなわち，「抗酸化フードファクター」の機能開発に大きな注目が集められている（大澤，2013a）．

b. 抗酸化フードファクターへの期待

われわれの体に起こりうる疾病にはライフスタイル，なかでも，食習慣が大きく影響しており，生活習慣病，とくに，がんに対しては，治療でなく予防に重点がおかれてきている．とくに，重要視されるのは健全な食生活を日常の食事に取り入れることで，カロリーや塩分を減らした味も香りもよいメニューを楽しみつつ，健康な食生活を送ることがまず基本であるが，どうしても，日常の食生活では限られた種類の抗酸化フードファクターしか摂取できないのが現状である．最近，科学的根拠に基づいた（evidence-based）抗酸化フードファクターの機能性には大きな注目が集められている．

とくに，アメリカでは，野菜や果物をはじめとする各種抗酸化食品やサプリメントの持つ抗酸化性の標準化をしようという動きが活発となってきた．ボストンにあるタフツ大学にアメリカ農務省が開設した「抗酸化研究センター」のプライアーが中心となって，20年ほど前に，抗酸化指標として，ORAC（oxygen radical absorbance capacity）法を用いるべきであるとの提案がなされた．ORAC法だけでは抗酸化能を正当に評価することはできないとの認識で，ORAC法とともに，カロテノイド類の抗酸化能評価に有効なSOAC（singlet oxygen absorbance capacity）法などを併用して，抗酸化食品を総合的に評価するための抗酸化単位（antioxidant unit, AOU）研究会（http://www.antioxidant-unit.com/index.htm）を設立し，多種多様なフードファクターを対象として，抗酸化機能評価の検討を進めている．

しかし，最近，筆者らの研究グループが進めているのは，生体内抗酸化評価法の開発である．平成20年4月より「特定健康診査・特定保健指導」いわゆる「メタボ健診」の実施が義務づけられており，未病診断のために，微量の血液や唾液，尿中に存在する「酸化ストレスバイオマーカー」に特異的な「抗体チップ」を開発することができたので，科学的根拠を持つアンチエイジング診断法の開発のための抗酸化性評価システムの確立を目指している．国からの研究費の補助を得ることができ，抗体チップを用いた未病検査システムを確立し，最終的に，1000人規模のデータベースを作成し，未病段階で運動や食事指導とともに，科学的な根拠に基づいたサプリメントや抗酸化食品を開発することを目的に研

究を進めている（大澤，2013b）．

3.5.6　カカオポリフェノールの機能性
a.　カカオポリフェノールの抗酸化性と生体内動態

　カカオ製品であるチョコレートやココアは，他の食品と比較しても非常に多くのポリフェノールを含むことが報告されており，その主成分は，カテキンとその縮合物であるプロシアニジンによって構成されている（図3.14）．茶，豆類，穀類，野菜類および香辛料には，こうした抗酸化物質が豊富に含まれており，がんや心筋梗塞の予防作用を有することを示す研究がなされている．豆類の一種であるカカオ豆にはカテキン類やプロシアニジン類などのポリフェノール類が多量に含まれていることは以前から知られていたが加工された場合の挙動についての報告は皆無に等しい．筆者らの研究グループは，チョコレートの主原料であるカカオマス中のポリフェノール類を分離・精製し，構成成分を化学的に明らかにするとともに，実験動物を用いその生理学的な有効性を認識することができ，1995年に開催された，第1回チョコレート・ココア国際栄養シンポジウムではじめて発表した．その反響はわれわれが想像した以上で，多くの

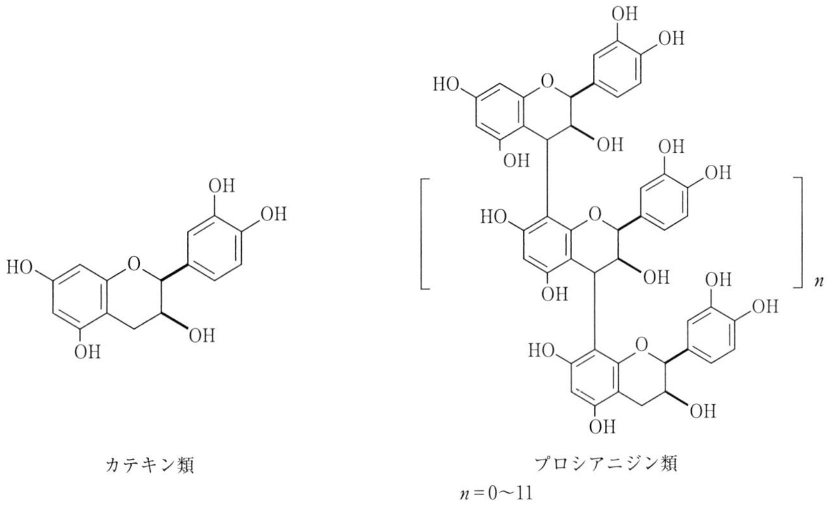

図3.14　カカオマス中のカテキン類（単量体）とプロシアニジン類（重合体）の基本構造　　カテキン類　　プロシアニジン類　$n=0\sim11$

テレビや雑誌，新聞などが，「ココアと健康」に関する記事や番組を取り上げた．1990 年に，当時の（株）明治製菓研究所とのチョコレート・ココアの抗酸化性についての共同研究で用いた素材は，チョコレートに 25% 程度配合されるカカオマスであった．56% の脂肪分を含むこのカカオマスをまず圧搾して脂肪分を取り除き，さらにヘキサンを用いて完全に脱脂した．その後，いくつかの抗酸化性評価モデルを用いて抗酸化活性を測定した結果を発表したのである．

チョコレートは緑茶の 4 倍量のカテキンを含み，また，オランダでは，総カテキンの 20% はカカオ製品から摂取されているという調査結果が報告されている（Arts *et al.*, 1999）．ポリフェノール含量は，生豆から発酵が進むにつれ減少していくことが知られている．しかし，チョコレートをはじめカカオ製品中には多くのポリフェノールが残存しており，カカオマス中には 1.20〜19.4%，スイートチョコレート中には 1.23〜2.11%，また，チョコレートに比較して油分であるココアバターが物理的に除去されているココア中には，3.02〜4.73% も含まれている．

カカオの生豆を食用に加工したカカオマス中のポリフェノール成分については，1990 年代後半から明らかにされてきた．カカオマスから低分子ポリフェノールとして，プロトカテキュ酸や窒素を含有しているクロバミド，フラボノイドのケルセチン，カテキン類として，(−)-エピカテキンや (+)-カテキンなどの存在が知られているが，最も含量が多いのは (−)-エピカテキンとその重合体であるプロシアニジンである．重合体は，2 量体以上 10 量体までの多量体であり縮合型タンニン（プロアントシアニジン類）としてカカオマス中に含まれている．Adamson *et al.* (1999) は，単量体から 10 量体までの多量体の含量について定量し，重合度が高くなるにつれて含量が少なくなることを明らかにしている（表 3.4）．

カカオポリフェノールの抗酸化活性は，筆者らの研究グループが世界に先駆けて 1995 年の第 1 回チョコレート・ココア国際栄養シンポジウムで発表し，1998 年に報告したものである（Sanbongi *et al.*, 1998）．

その内容は，表 3.5 にまとめられているように，まず，単量体である

3.5 チョコレートの持つ機能性研究の足跡

表3.4 カカオマス中のプロアントシアニジンの分析結果

	象牙海岸産	サンチェス産
単量体	2.0±0.1	4.9±0.3
2量体	1.8±0.2	4.2±0.3
3量体	1.3±0.1	2.8±0.3
4量体	1.0±0.1	2.2±0.1
5量体	0.8±0.1	1.7±0.1
6量体	0.6±0.1	1.4±0.1
7量体	0.3±0.1	0.7±0.1
8量体	0.4±0.1	0.6±0.1
9量体	0.4±0.1	0.7±0.1
10量体	0.2±0.1	0.3±0.1

　(−)-エピカテキン，(+)-カテキンを中心に，試験管レベルの抗酸化試験法である DPPH ラジカル消去活性やリノール酸酸化抑制活性，生体モデル系としてラットの肝ミクロゾームを用いたミクロゾーム過酸化脂質生成抑制活性やリポゾームを用いた酸化抑制活性，さらには，ウサギの赤血球膜を用いた酸化抑制活性を調べ，さらには，タンパク質の酸化障害のモデルとしてニトロチロシンの生成抑制効果などが検討された．

　筆者らが，チョコレート・ココアの抗酸化性研究をスタートさせた 1990 年代には分析技術が確立していなかったために研究が進まなかった，高分子性の抗酸化ポリフェノールであるプロシアニジンに関する研究も，2000 年代に入って，急速に進展した．その研究の中心となったのは，(株)明治製菓(現(株)明治)の研究グループと岡山大学薬学部との共同研究であり，各種抗酸化性の評価法による 2 量体から 6 量体までの活性の順位が報告されている(表3.5)(Hatano *et al.*, 2002)．

　そこで，脱脂カカオマスから得られたカカオポリフェノール画分が，*in vitro* 試験だけでなく実際に生体モデルでも効果を発揮するかどうかについて検討するために，実験動物を用いた研究を進めた．その研究では，アルコール性胃粘膜障害に対する予防作用とともに，ビタミン E 欠乏時の酸化ストレスに対する抑制作用の検討を行い，カカオポリフェノールが消化管内で局所的に抗酸化能を発揮するとともに，非特異的な全身性の酸化ストレスに対しても強

表3.5 代表的なプロシアニジン類の各種活性のまとめ

測定項目	酸化開始剤	反応系	活性酸素種, ラジカル種	単量体	
				$(-)$-エピカテキン	$(+)$-カテキン
DPPHラジカル消去能		疎水性	DPPHラジカル	1	1
リノール酸酸化抑制活性	V70（脂溶性）	親水性	$\cdot O_2^-$, $\cdot OH$	1	
ミクロゾーム過酸化脂質生成抑制活性	ADP-Fe^{2+}/NADPH	親水性	$\cdot O_2^-$, $\cdot OH$	3	
リボゾームの酸化抑制活性	AAPH（水溶性）	親水性	L・, LOO・	1	
	AMVN（脂溶性）	親水性	L・, LOO・	3	
	鉄・アスコルビン酸	親水性	$\cdot O_2^-$, $\cdot OOH$	1	
赤血球膜酸化抑制活性	AAPH（水溶性）		L・, LOO・	1	
ニトロチロシン生成抑制活性		親水性	$ONOO^-$	4	
				1	2

測定項目	2量体	3量体	4量体	5量体	6量体
	プロシアニジンB2	プロシアニジンB5	プロシアニジンC1	シンナムタンニンA2	
DPPHラジカル消去能	2	3	5	4	
リノール酸酸化抑制活性		2	4	3	
ミクロゾーム過酸化脂質生成抑制活性	1	1	4	2	
リボゾームの酸化抑制活性		1	1	1	1	1
		2	2	2	1	2
		1	1	2	2	3
赤血球膜酸化抑制活性		1	1			
ニトロチロシン生成抑制活性	2		3	1		
	3		4	5		

活性の順位は，すべて重量濃度によって比較している．

力な酸化ストレス予防効果があることが明らかにされた.これらの結果から,カカオ豆に含まれるポリフェノール類は経口摂取によって吸収され,生体内に広く分布し,局所的な防御効果だけでなく,全身的な抗酸化作用を及ぼすことが明らかとなった.このことは,生体内で発生する活性酸素が1つの原因となる疾患であるがんや動脈硬化の予防にカカオポリフェノールが役立つ可能性を示唆していた.

では,このようなポリフェノールを摂取した場合,生体内ではどのように代謝されるのであろうか.低分子ポリフェノールであるカテキン類は,チョコレートやココアとして摂取した場合,その約25~30%が吸収され尿中にカテキン類縁体として観察された.しかしながら,その代謝パターンはヒトとラットで大きく異なり,徳島大学の寺尾純二は,(株)明治製菓(現(株)明治)の研究グループや筆者らとの共同研究で,カテキンを摂取したラットおよびヒト尿中から代謝物を単離し,その化学構造を特定した(図3.15)(Natsume *et al.*, 2003).ラットとヒトにおいてグルクロン酸抱合またはメチル化などの修飾を

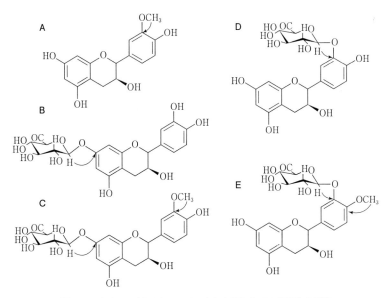

図3.15 (−)-エピカテキンのラットおよびヒトでの代謝物の構造
A, B:ラット代謝物, C, D, E:ヒト代謝物.

受ける水酸基は大きく異なることから,生体内における活性にも差異が生じることが示唆された.これら代謝物のヒト血漿中から得たLDLのアゾ化合物および銅イオンにより引き起こされる酸化に対する抑制作用を検討したところ,抗酸化活性強度に差異は認められるものの,すべての代謝物に活性が残存していることが確認されている.

　もう一方の主成分であるプロシアニジンの生体内動態については不明な点が多かったが,最近,寺尾らはカカオに含まれる主要なプロアントシアニジン,プロシアニジンB2（2量体）の生物学的利用性についてラットを用い検討したところ,ラットに経口投与した場合の投与量に対する吸収率は,0.34%程度と（−）-エピカテキンの1/100程度であった.一方,Donovan et al.(2000)は,これらオリゴマーが大腸で腸内細菌によって低分子化され,生体に吸収され種々の生理作用を発揮する可能性を示唆している.これまで研究されてきた種々の有効性にプロシアニジン類が寄与するかについては,今後行われるさまざまな研究によって明らかとなるだろう.

b. カカオポリフェノールの動脈硬化予防作用

　チョコレート・ココアの抗酸化性に関する研究が一段落したところで,筆者らは(株)明治製菓(現(株)明治)の研究所との共同研究で,カカオポリフェノールの動脈硬化に対する効果に関する研究を進めた.カカオポリフェノールの動脈硬化に対する作用として,これまでに,ビタミンDによって惹起されたラットの動脈石灰化モデルや家族性高脂血症のモデルであるKHCウサギを用いて動脈硬化予防作用の検討を行った結果,いずれも顕著な動脈硬化の進展抑制が確認されている.

　そこで,代表的な動脈硬化発症の実験モデル動物であるApoEノックアウトマウスを用いて動脈硬化予防作用について検討が行われた.その内容は,2002年に開催された第8回チョコレート・ココア国際栄養シンポジウムで,筆者により紹介された.その内容を紹介すると,8週齢の雄性ApoEノックアウトマウスあるいはC56マウスにコントロール飼料,または0.25%もしくは0.4%のカカオポリフェノールを含む飼料を16週間摂取させ,実験終了時に採血および解剖を実施した.摘出した大動脈はホルマリン固定後,病理切片を作成し,

病理組織学的解析および免疫組織学的検討を実施した．その結果，とくに，椀頭動脈部分での粥状動脈硬化病変に関して，カカオポリフェノールは有意にその発症を抑制することがわかった．また，酸化ストレスマーカー（4-ヒドロキシ-2-ノネナール：HNE）の生成を免疫組織学的に解析したところ，カカオポリフェノール摂取群では対照群に比較しその生成が抑制されていた．

さらに，お茶の水女子大学の近藤和雄らは，越阪部奈緒美を中心とする（株）明治製菓（現（株）明治）の研究グループと共同で，健常人ボランティアに2600 mg のポリフェノールを含むココアを毎食後1杯（36 g/日），2週間摂取させ，経日的に悪玉コレステロール（低密度リポタンパク質：LDL）の被酸化性を測定した（Kondo *et al.*, 1996）．摂取1週間および2週間後でココア摂取による有意な酸化抵抗性の増強を確認することができた（図 3.16）．また Wan *et al.* (2001) は，466 mg のプロシアニジンを含むチョコレートを4週間摂取させるというヒト臨床試験によって，同様の LDL 酸化抑制作用を確認している．これらの結果は，カカオポリフェノールの抗動脈硬化作用の主要なメカニズムである LDL の酸化抑制効果によるものである．

最近，動脈硬化発症時に大きな役割を示す接着分子の発現に対しての抑制作用も，動脈硬化発症の予防に有効であることが知られてきている．そこで，カカオポリフェノールが LDL に対する酸化抑制とともに，接着因子の発現も抑

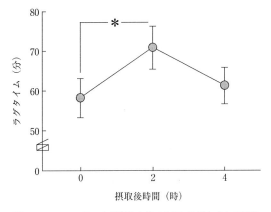

図 3.16　ココア 35 g を摂取した後の LDL ラグタイムの変化
$n=12$. Points 平均±標準誤差．＊：$p=0.005$ 対応のある t 検定．

制することで，動脈硬化の病態の進展を抑制する可能性の検討が行われた．その内容は，第8回チョコレート・ココア国際栄養シンポジウムで，筆者により報告された．実験は，ヒトの臍帯動脈内皮細胞（HUVEC）を用いて，炎症性のサイトカインであり，内皮の機能不全を引き起こす TNF-α で刺激した際に誘導される接着因子の1つである VCAM-1 の変化を解析した．その結果，(−)-エピカテキンだけでなく代謝物も VCAM-1 の発現を有効に抑制することが明らかとなった．

以上，紹介したように，カカオポリフェノールの動脈硬化抑制効果は，LDL の酸化抑制とともに，接着因子の発現の抑制という異なったメカニズムの重要性を示唆している．

c. 発がん予防作用

カカオポリフェノールやその主成分であるプロシアニジン類を対象としたヒト臨床試験でのがん予防効果は，ほとんど報告されていないのが現状で，各種動物を用いた発がんモデルにより評価された結果が報告されている．筆者らも，(株) 明治製菓 (現 (株) 明治) の研究グループとの共同研究で，まず，ネズミチフス菌であるサルモネラ菌を用いた Ames 試験により抗変異原活性の評価を行った．ハンバーグや，アジのような魚を高温で加熱するとヘテロサイクリックアミンと呼ばれる変異原物質（図3.17）が生成することが知られている．これらは，魚や肉に含まれているアミノ酸やタンパク質を高温で加熱することで，たとえば，トリプトファンからは Trp-P-1 や Trp-P-2，アジのような焼き魚からは IQ や MeIQ，焼き肉からは MeIQx という，多種多様なヘテロサイクリックアミンが生成するというわけである．そこで筆者らは，まず，Trp-P-2 と MeIQ を対象に抗変異原活性の検討を行ったところ（Yamagishi et al., 2000），カカオポリフェノールは強い抑制作用を示した．ヘテロサイクリックアミン類は，直接 DNA を攻撃して変異原性を発揮する，いわゆる直接変異原物質ではなく，P-450 を中心とする薬物代謝系を経て活性化されてはじめて変異原性を示す，間接変異原物質の代表である．そこで，ラット肝ミクロゾーム（S-9mix）により活性化された変異原性に対する作用を検討したところ，カカオポリフェノールには強い変異原性抑制作用が見出され，カカオポリフェ

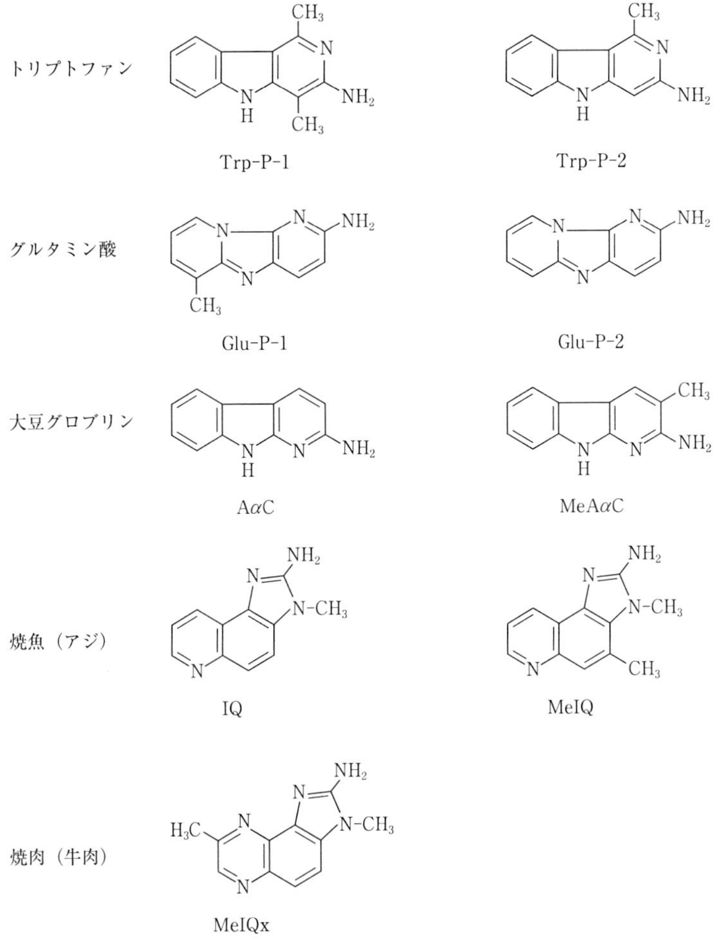

3.5 チョコレートの持つ機能性研究の足跡

トリプトファン	Trp-P-1	Trp-P-2
グルタミン酸	Glu-P-1	Glu-P-2
大豆グロブリン	AαC	MeAαC
焼魚（アジ）	IQ	MeIQ
焼肉（牛肉）	MeIQx	

図 3.17 アミノ酸の過熱分解物および過熱食品より分離された変異原物質

ノールの作用は代謝活性化の阻害であることが示唆された．

そこで，Trp-P-2をカカオポリフェノールとともにあらかじめネズミに摂取させ，その後，サルモネラ菌培養液を尾静脈に投与した．その後肝臓を摘出し，サルモネラ菌を回収し変異原性を確認したところ（*ex vivo*系という），同様に抗変異原活性を有することが明らかになった．この結果より，動物が経口で摂取したカカオポリフェノールが有効に突然変異原性を示すといえる（図 3.18）．

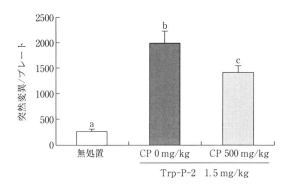

図 3.18 Trp-P-2 のサルモネラ菌 TA98 に対する変異原性に及ぼすカカオポリフェノール（CP）の効果（宿主経由法）
平均値±標準偏差．異文字間に有意差（$p<0.01$）あり．

　これらの結果より，カカオポリフェノール類は，図 3.19 に示したように，発がん多段階説のなかで，第 1 段階であるイニシエーションと呼ばれる過程，すなわち正常細胞の DNA が損傷を受け突然変異を起こす過程も著しく抑制することが，*in vitro* 系の実験だけでなく *ex vivo* 系での実験においても明らかとなった．

　そこで筆者らは，次に，発がんメカニズムの第 2 段階で，発症に最も密接に関連していることが示唆されているプロモーション過程，すなわち突然変異した細胞がプロモーターと呼ばれる化学物質によって異常な増殖性を獲得する過程に対するカカオポリフェノールの抑制効果に着目した．動物を用いて検討したがん予防効果は，筆者により，1997 年に第 3 回チョコレート・ココア国際栄養シンポジウムで発表されている．その内容は，発がんメカニズムの第 2 段階に最も密接に関連していることが示唆されているプロモーション過程に対するカカオポリフェノールの抑制効果が見出された，というものであった．これらの結果を含めて，最近，夏目（2011）により総説としてまとめられているので，動物モデル系を中心としたがん予防に関する最近の研究動向を中心に紹介してみたい．

　カカオポリフェノールを用いた発がん 2 段階実験は，ICR マウスを用い，イニシエーターとして，7,12-ジメチルベンズ[a]アントラセン（DMBA）を用

3.5 チョコレートの持つ機能性研究の足跡

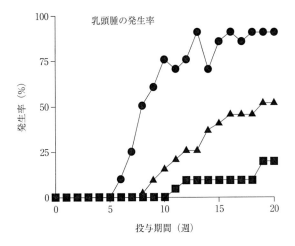

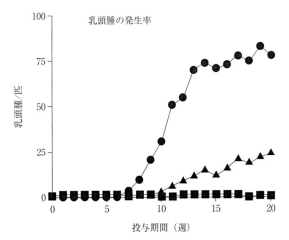

図 3.19 発がん2段階モデルを用いた乳頭腫発生に対するカカオポリフェノールの効果

雌性 ICR マウス(20匹/群)に 200 nmol DMBA でイニシエーションし，1週間後から TPA 5 nmol のみ塗布（●），カカオポリフェノール 5 mg と TPA 5 nmol 塗布（▲），カカオポリフェノール 10 mg と TPA 5 nmol 塗布（■）の群を設けた．

い，プロモーターとして，12-O-テトラデカノイルフォルボール-13-アセテート（TPA）をマウスの背中に塗布することによる2段階皮膚発がん試験での評価であった．DMBA, TPA 塗布により発生する乳頭状腫瘍の大きさおよび

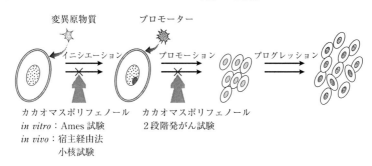

図3.20　発がん多段階説の概念図

数を測定した結果，カカオポリフェノール塗布群は，対照群に比較して腫瘍の数が有意に減少した．この結果から，カカオポリフェノールは皮膚発がんプロモーションを有意に抑制することが見出された（図3.20）(Osakabe, 2000)．

　最近報告された興味深い研究として，前立腺がんモデル研究が注目されている．Bisson et al. (2008) は，発がん物質として知られる N-メチルニトロソウレア（NMU）と男性ホルモンのテストステロンプロピオン酸（TP）を同時にラットに投与することで誘発された前立腺がんモデル動物試験で，カカオポリフェノールが35%含有されたカカオマスを用いたがん予防作用の評価を行った．カカオ抽出物低用量群（抽出物 24 mg/kg/日投与）では，対照群と比較して平均生存率の延長とともにがんの発症数の低減が認められたが，カカオ抽出物高用量群（抽出物 48 mg/kg/日投与）では，抑制作用が見出されなかった．これらの結果から，カカオポリフェノールを過剰に摂取するのではなく，適量摂取が重要で，過剰摂取ではプロオキシダントとして作用し，がん化の促進というネガティブな作用が示唆される，という興味ある結果であった．

　さらに，（株）明治の研究所の夏目みどりが中心になって広瀬雅雄との共同研究で，多臓器発がんモデルを用いて，カカオポリフェノールのがん予防効果の検討を報告している（夏目，2011）．その内容は，f344系雄性ラットを用い，複数の発がんイニシエーターとして，ジエチルニトロソアミン（DEN），N-メチルニトロソウレア（MNU），N-ブチル-N-(4-ヒドロキシブチル)ニトロソアミン（BBN），ジメチルヒドラジン（DMH），2,2'-ジヒドロキシ-ジ-n-プロピルニトロソアミン（DHPN）を投与することにより誘導された多臓器発が

ん試験で，カカオポリフェノールによるがん予防効果の評価を行った．その結果，試験終了時における生存率は，カカオポリフェノール摂食群で，対照群に対して有意に高い値を示した．また，病理組織学的観察により，カカオポリフェノールは，特定の臓器，とくに肺において発がんの予防作用を有する可能性が示され，その他の臓器についてもがん化を促進しないことが示されたことが報告されている．

d. 糖尿病合併症抑制作用

Ⅰ型糖尿病発症モデルとしてよく用いられる，ストレプトゾトシンで糖尿病を誘発したラットに対してカカオポリフェノールを摂取させたところ，合併症の1つである白内障の進行に対して顕著な抑制が認められた．また同時に，

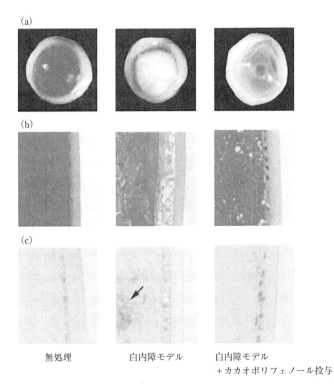

図3.21 ラットを用いた白内障発症に対するカカオポリフェノールの効果
(a) ラット水晶体の写真．(b) ヘマトキシリンとエオシンを用いた染色．(c) 4-ヒドロキシノネナール（HNE）を用いた免疫染色．

水晶体中に生成する酸化ストレスバイオマーカーである 4-ヒドロキシ-2-ノネナール（HNE）の生成を低下させることが明らかとなった（図 3.21）(Osakabe et al., 2004)．カカオポリフェノールの糖尿病予防効果に関しては，今までに，糖類吸収阻害作用に関する研究はあるが，その生体利用性が低いためヒトや実験動物を用いた作用機構解明に関する研究はほとんどなかった．最近，神戸大学の芦田均らは，(株)明治の研究所のグループとの共同研究で，カカオポリフェノールが，高血糖，インスリン抵抗性，さらには肥満を予防する作用を持つことをマウスに高脂肪食（30% ラード）を与えた実験で明らかにした（Yamashita et al., 2012）．その作用機構として，筋肉における AMPK 経路の亢進を介した GLUT4 の細胞膜移行促進効果であるとともに，筋肉中のグルコース取り込みの促進，さらには，PGC-1α と UCPs の発現増加によるエネルギー・体熱産生の上昇作用が抗肥満に関与するものと推定されている．

e. カカオポリフェノールの肥満に対する作用の検討

「チョコレートは好きだけど肥満しやすい」と考える女性は多い．その理由は，チョコレート中の脂肪分，ココアバターの存在である．ココアバターを中心とする脂質と肥満の関連については 3.3 節で紹介されているので，ここでは，筆者らの研究グループが行ったカカオポリフェノールの抗肥満作用の検討を中心に紹介してみたい．

白色脂肪細胞は，体全体に広く分布し，エネルギーを中性脂肪として蓄えるのが主な役割であるが，アディポサイトカインと呼ばれる種々の内分泌因子を産生・分泌している．その作用は，糖代謝，脂質代謝をコントロールすることであるが，肥満状態になると，この白色脂肪細胞を肥大化させ，機能障害を引き起こし，最終的には，糖尿病，高脂血症，高血圧のリスクを高め，生活習慣病の原因となる．では，なぜ肥満が疾病の原因となりうるのか？　その理由が，過剰な炎症反応である．図 3.22 に示したように，白色脂肪細胞の肥大化に従い，mcp-1 や IL-6 などの炎症性のサイトカインの分泌が増大し，レプチンやアディポネクチンのような抗炎症性サイトカインは減少するとともに酸化ストレスが増大し，抗酸化酵素の機能が低下してしまう，というわけである（大澤，2013b）．筆者らの研究グループは，アントシアニンをはじめとするさまざま

3.5 チョコレートの持つ機能性研究の足跡

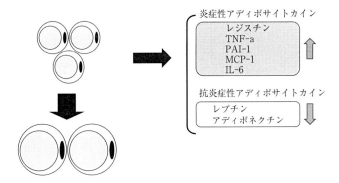

図 3.22 肥満の脂肪細胞における過剰な炎症反応の発現と酸化ストレスの誘導

なポリフェノール類が過剰な炎症反応に由来する酸化ストレスを抑制することで白色脂肪細胞の機能を改善し，最終的に，肥満に伴う動脈硬化症および糖尿病合併症の発症抑制を可能にするのではないか，と考えた．一方，チョコレートやココアの原料であるカカオ豆に多く含まれるポリフェノールは，強力な抗酸化作用で生体を酸化障害から保護していることを明らかにしてきたが，なかでも，LDL コレステロールの酸化抑制，LDL コレステロール低下，HDL コレステロール上昇，血小板凝集抑制といった，動脈硬化性疾患の領域で，数々の報告がなされている．しかしながら，白色脂肪細胞の機能改善という視点からの評価はまだ十分とはいえないのが現状である．そこで，筆者らの研究グループは，カカオポリフェノールの肥満に対する作用を白色脂肪細胞の機能に関する遺伝子発現から検証し，共同研究者の愛知学院大学の上野有紀により，第 15 回チョコレート・ココア国際栄養シンポジウムで報告した（上野，2010）.

その内容は，カカオポリフェノールによるマウス脂肪細胞における炎症性サイトカイン分泌抑制作用を持つのではないか，との研究である．その方法は，分化誘導させた 3T3-L1 マウス由来前駆脂肪細胞に，過剰な炎症反応を誘発する TNF-α を添加することで，抗炎症性サイトカインのアディポネクチン産生量の増加や炎症性サイトカインである IL-6 の産生量の増加を抑制し，その結果，肥満やメタボリックシンドロームに合併する過剰な炎症反応をするというわけである．

そこで，筆者らは，炎症・酸化ストレスに関連する遺伝子発現へのカカオポリフェノールの影響の検討を進めた．用いたマイクロアレイ（遺伝子チップ）は，（株）三菱レイヨン研究所との共同研究で作製したもので，酸化ストレス，炎症反応，抗酸化酵素，解毒酵素，肥満関連の遺伝子221種類を搭載したオーダーメイドチップ，ジェノパール®を用いた（大澤，2013b）．221種類の遺伝子群のなかで，カカオポリフェノールを添加することで大きく変動した遺伝子を調べることにより，炎症，酸化ストレス，肥満に関与する遺伝子に対してカカオポリフェノールは濃度依存的に発現の上昇を抑制し，脂肪組織の炎症や酸化ストレスにかかわる遺伝子群の発現を改善することが明らかとなった．これらの研究は，マウス由来の脂肪前駆細胞を用いたが，今後はヒト皮下由来前駆脂肪細胞を用いて同様の実験を行っていく考えである．あわせて，高脂肪食を負荷した動物モデルにおけるカカオポリフェノールの有効性を検討することが重要と考え，現在検討中である．これらの結果を積み重ねることは，カカオポリフェノールの肥満に対する効果を明らかにし，肥満，ならびに肥満に起因する疾患の予防・改善といった課題の解決に向けた，1つの提案になるものと考えている．

f. カカオポリフェノールによる慢性炎症の調節

慢性炎症は従来考えられた以上に多くの生活習慣病や認知症の発症および進行に関与する因子であることが明らかにされてきている．また，肥満症および脂肪過多症が慢性炎症状態を誘発するという研究も数多く発表されてきている．ココアパウダーは脂肪と糖を多く含む嗜好品によく使われるが，ココアパウダー自体は，脂肪と糖の含有量が比較的少なく，繊維を多く含み，単量体のフラバン-3-オールと重合体のプロシアニジンの両方をはじめ，さまざまな種類のポリフェノール化合物を豊富に含んでいる．ペンシルバニア州立大学食品科学部のランバートは，ココアパウダーをサプリメントとして応用するために，高脂肪食を与えたC57BL6/Jマウスに投与したところ，肥満に関連する炎症症状が軽減するという興味ある結果を，第18回チョコレート・ココア国際栄養シンポジウムで発表している（Lambert, 2013）．その効果には，全身性炎症マーカーおよび脂肪組織の血管間質分画における炎症遺伝子の発現の調節が含まれ

る．これらの効果は，カカオの投与による代謝性エンドトキシン血症の阻害および腸のバリア機能の改善によるものと考えられる．さらなる研究が必要とされるが，この研究の結果は，カカオが慢性炎症症状の抑制に有効であることを示唆する．

カカオ豆（*Theobroma cacao*）に由来するココアパウダーは，人気のある食品成分として世界中で利用されている．アメリカでは，成人人口の約12％がチョコレートを消費する．ココアパウダーは，チョコレートのような脂肪と糖を多く含む嗜好品に多く用いられるが，それ自体は繊維が多く，脂肪と糖の含有量は比較的少なく，ポリフェノールの含有量が多いのが特徴である．今まで紹介したように，カカオおよびカカオポリフェノールによる抗炎症効果を示唆するデータが増加してきている．世界的な肥満者の増加の結果，肥満から派生する過剰な炎症反応のメディエーターとしての観点から，チョコレートは肥満関連炎症症状の寛解に有効な嗜好品として利用できる可能性がある．ランバートらは，カカオが消化管の生理学的パラメータを調節することにより抗肥満効果を発現する可能性を示唆している．ただ，ポリフェノールが抗炎症効果の主要因なのか，それとも他の要因も関与しているのか，十分解明されていないのが現状である，と強調している．たとえば，プロシアニジンの吸収・代謝率は低いのではないか，と推測されているが，それらは腸内フローラにより広範に代謝されるものと考えられる．これらの代謝産物がカカオの抗炎症効果において何らかの役割を果たす可能性もあるが，まだデータが不足していることを述べ，また，動物モデルのデータが，どの程度までヒトでも通用するかを判断するため，また，適切な用量と投与計画に関する重要な情報を提供するために，ヒト臨床試験の実施が不可欠であることを強調していた．

g. 歯周病対策としてのカカオポリフェノールの有効性

歯周病は，歯肉の腫脹・発赤および歯周ポケットの形成を特徴とする炎症性疾患である．歯周病の原因は歯垢（細菌の塊）であるが，歯周病の進行には歯垢に対する宿主（歯周組織）の異常な応答もかかわっている．したがって，歯周病を予防するためには，宿主の観点からも対策を考える必要があることを，第15回チョコレート・ココア国際栄養シンポジウムで岡山大学の友藤孝明が

強調していた（友藤，2010）．ここに，その内容を紹介する．

口腔内に存在する多核好中球などの炎症性細胞は，細菌に対しての防御のために活性酸素種（ROS）を産生することが知られている．しかし，過剰な炎症反応により過度に生じた活性酸素は酸化ストレスの原因となる．近年の研究では，酸化ストレスが歯周病の悪化につながることが明らかにされ，歯周組織の酸化ストレスを抑制することで歯周病を予防できるのではないかと期待されている．このような背景で，オーラルケアのために抗酸化物質を摂取することは，炎症に伴う酸化ストレスを軽減させるので，抗酸化作用を有するカカオポリフェノールの摂取は歯周組織の酸化ストレスを抑制し，歯周病の進行を抑える効果があるものと期待できる．そこで，友藤は，歯周病を惹起させた8週齢のウィスター系雄性ラットを用いて，42.5 mg/gのポリフェノールを含むカカオマスの投与実験を行った．その結果，歯周病群の歯周組織は，高値の8-ヒドロキシデオキシグアノシン（8-OHdG）濃度と有意に低い還元型：酸化型グルタチオン比を示したことから，カカオポリフェノールの摂取により，炎症を起こした歯周組織の酸化ストレスを軽減させる効果があることが示唆された．

歯科医師や歯科衛生士は，ほとんどの場合，口腔内に限局して歯周病予防や治療を行っているが，それだけでは不十分である可能性があり，友藤は，カカオポリフェノールなどの抗酸化物を摂取して全身の抗酸化力を高めることもまた歯周病の対策に重要であると推測している．

3.5.7 メチルキサンチンの機能性

現代社会においては，高ストレス・超高齢化に伴うさまざまな問題が山積している．たとえば，競争社会でのストレスや不況下での将来への不安，また，高齢化社会に伴うアルツハイマー型認知症やレビー小体型認知症などの認知症の急増が問題とされている．静岡県立大学の横越英彦(現 中部大学教授)は，「人間らしい健康・長寿」を保証するために栄養学は何が貢献できるかという立場で研究し，とくに，古来より愛されてきたチョコレートの脳機能を反映した心理活動や精神活動に対する効果の検討を行っている．その成果を第7回チョコレート・ココア国際栄養シンポジウムで「カカオ摂取の脳機能に及ぼす影響」

3.5 チョコレートの持つ機能性研究の足跡　　123

♠ コラム 9　テオブロミンは機能性を持っているのか？ ♣

　ガーナ産，エクアドル産のどちらの産地のカカオマスでも，表 2.1 に示されたように，1.3% もの高い含量で含まれているのが，テオブロミンである．3.5.7 項で紹介したように，スウォンジー大学の心理学科教授であるベントンは，第 16 回チョコレート・ココア国際栄養シンポジウムでの発表で，チョコレートを食べたという感覚的体験こそが重要で，テオブロミンなどの持つ薬理学的効果はあまり期待できないという研究を紹介している（Benton, 2011）．また，カフェインの含量は，ガーナ産のカカオマス中には 0.09%，エクアドル産でも 0.25% と，テオブロミンの 20% 以下の含量に過ぎない．本当に，テオブロミンやカフェインには機能が期待できないのであろうか？

　第 19 回チョコレート・ココア国際栄養シンポジウムで，神戸大学の芦田均らのグループは，カカオ豆抽出物が脂肪の蓄積と脂肪細胞への分化に及ぼす影響について，動物モデルでの検証とともに培養細胞実験で作用機構の検討について，興味ある発表を行った（芦田，2014）．

　肥満は 2 型糖尿病や心血管系疾患を引き起こすリスクファクターであることから，肥満予防効果や脂質代謝改善効果を有する機能性食品因子が注目されている．チョコレートやココアの原料となるカカオ豆抽出物は，動脈硬化やインスリン抵抗性などの肥満に関連する疾病の予防効果を持つことが知られている．そこで，芦田らは，まず，脂肪の蓄積に及ぼすカカオ豆抽出物の影響を検討するために，3 週齢の雄性 ICR マウスにカカオ豆抽出物を投与したところ，体重および総白色脂肪組織重量の有意な減少がみられる一方，褐色脂肪組織の重量が増加した．また，カカオ豆抽出物の摂食により，血漿アディポネクチン量が増加し，それに起因して白色脂肪組織における AMPK のリン酸化（活性化型）レベルの増加とその下流の ACC のリン酸化（不活性化型）レベルの増加が認められた．さらに，マウス繊維芽細胞である 3T3-L1 細胞を前駆脂肪細胞から脂肪細胞へと分化誘導し，その過程での脂肪滴形成におけるカカオ豆抽出物の影響を検討した．その結果，カカオ豆抽出物は脂肪滴の小型化を促進し，濃度依存的に細胞内の脂質蓄積量を有意に減少させた．以上の結果から，カカオ豆抽出物は，脂肪細胞の分化抑制を介して脂肪滴の小型化を促すことでアディポネクチン分泌と AMPK の活性化とを促進し，その結果として脂肪酸合成阻害により，白色脂肪での脂肪蓄積を抑制する作用を有することが示唆された．

　さらに，カカオ豆抽出物中の有効成分の検討を行ったところ，カカオマス中に 1.3% 含まれているテオブロミンの寄与が大きいことが推定された．しかしながら，カフェインにはこのような効果が認められなかったが，興味深いことに，カ

フェインが存在することで，テオブロミンの抑制効果が相乗的に強くなることも明らかとなった．
　この結果は，テオブロミンに関する新しい発見であり，また，カフェインも間接的に肥満抑制作用を発揮するという画期的な内容である．　　　〔大澤俊彦〕

として発表している（横越，2002）．その内容は，脳機能で重要な役割を果たしている脳内神経伝達物質が，チョコレート原料のカカオマス，成分のカフェイン，テオブロミンなどの摂取により影響を受けるというものである．また第8回シンポジウムでは，「カカオ摂取の自律神経系に及ぼす影響」として，ヒトボランティアでの自律神経系の活動や気分への影響を調べ，発表している（横越，2003）．さらに，第9回のシンポジウムで，ウィスター系雄ラットを用いた動物実験の結果では，カカオマスを投与することにより脳内ドーパミン量が顕著に増加し，また，抗不安作用などが観察された（横越，2004）．一方，ボランティア試験では，個体差もあるが，総合的に得られた結果からは，チョコレートの抗ストレス作用とリラクゼーション効果が見出され，抗ストレス食品としての可能性が示唆された．

　植物中に存在するキサンチン誘導体と呼ばれる含窒素化合物としては，カフェイン，テオブロミン，テオフィリンなどのメチルキサンチン誘導体が知られ，特徴的な刺激性のある薬理作用のため，メチルキサンチンは昔からハーブ，スパイスや嗜好品，生薬の機能性成分として重要であった．なかでも，テオブロミンはカカオ中の最重要なアルカロイドである．一方，カフェインはカカオ中にごく少量認められ，テオフィリンはきわめて微量認められているだけである．メチルキサンチンはカカオの典型的な苦みの原因であるといわれ，その存在はカカオやチョコレート製品の品質評価に関連する重要な分析パラメータとしても重要である．

　しかしながら，テオブロミンなどのメチルキサンチン誘導体の機能性に関しては，未知の部分も多く，今後の研究の進展が期待される．　　　〔大澤俊彦〕

文　献

Adamson G. E. *et al.* (1999). *J. Agric. Food Chem.*, **47**, 4184-4188.
Arts I. W. C. *et al.* (1999). *Lancet*, **354**, 488.
芦田　均（2014）．カカオ抽出物による脂肪細胞の分化と脂肪蓄積の抑制効果，第19回チョコレート・ココア国際栄養シンポジウム．
Benton D. (2011)．チョコレートの魅力；それは心理的なものか生理的なものか？　第16回チョコレート・ココア国際栄養シンポジウム．
Benton D. Greenfield K. and Morgan M. (1998). *Per. Ind. Diff.*, **24**, 513-520.
Bisson F. *et al.* (2008). *Eur. J. Cancer. Prev.*, **17**(1), 54-61.
Buitrago-Lopez A. *et al.* (2011). *BMJ*, **343**, d4488.
Donovan J. L. *et al.* (2001). *J. Nutr.*, **131**, 1753-1757.
福場博保他編（2004）．チョコレート・ココアの科学と機能，アイ・ケイコーポレーション．
Grassi D. *et al.* (2005). *Am. J. Clin. Nutrit.*, **81**：611-614.
Hatano *et al.* (2002). *Phytochem.*, **59**, 749-758.
Hollenberg N. K. *et al.* (1997). *Hypertension*, **29**, 171-176.
Kean B. H. (1944). *A. J. Trop. Med.*, **24**, 341-343.
Kondo K. *et al.* (1996). *Lancet*, **348**, 1514.
Lambert J. D. (2013)．ココアおよびカカオポリフェノールによる慢性炎症の調節，第18回チョコレート・ココア国際栄養シンポジウム．
McCullough M. L. *et al.* (2006). *J. Cardiovas. Pharmacol.*, **47**, suppl2, s103-s109.
夏目みどり（2011）．*Functional Food*, **4**(4), 374-373.
Natsume M. *et al.* (2003). *Free Rad. Biol. Med.*, **34**, 840-849.
Osakabe N. *et al.* (2000). Antioxidative polyphenol substances in cacao liquor. *Caffeinated Bevarages：Health Benefits, Physiological Effects, and Chemistry*, pp. 88-101, ACS.
Osakabe N. *et al.* (2004). *Exp. Biol. Med.*, **229**, 33-39.
大澤俊彦監修（1995）．がん予防食品の開発，シーエムシー出版．
大澤俊彦（1996）．緑黄色野菜でがんをノックアウト，新人物往来社．
大澤俊彦（2003）．文藝春秋特別版7月臨時増刊号，132-133.
大澤俊彦（2007）．植物性化学物質（フィトケミカル：Phytochemical），健康・栄養食品アドバイザリースタッフ・テキストブック（（独）国立健康・栄養研究所監修，山田和彦・松村康弘編著），pp. 45-52.
大澤俊彦（2012）．*creabeaux*, **72**, 2-5.
大澤俊彦（2013a）．アンチエイジング医学―日本抗加齢医学会雑誌，**9**(2), 87-93.
大澤俊彦（2013b）．未病診断とバイオマーカー，ニュートリゲノミクスを基盤としたバイオマーカーの開発―未病診断とテーラーメイド食品開発に向けて―（大澤俊彦・合田敏尚監修），p. 11-20, シーエムシー出版．
Sacks F. *et al.* (1995). *Ann. Epidemiol.*, **5**, 108-118.
Sanbongi C. *et al.* (1998). *J. Agric. Food. Chem.*, **46**, 454-457.
友藤孝明（2010）．歯周病対策としてのココア・ポリフェノールの有効性について，第15回チョコレート・ココア国際栄養シンポジウム．
上野有紀（2010）．カカオポリフェノールによる肥満に対する作用の検討，第15回チョコレート・ココア国際栄養シンポジウム．
Wan Y. *et al.* (2001). *Am. J. Clin. Nutr.*, **74**, 596-602.
Yamagishi M. *et al.* (2000). *J. Agric. Food. Chem.*, **48**, 5074-5078.
Yamashita Y. *et al.* (2012). *Arch. Biochem. Biophys.*, **527**, 95-104.
横越英彦（2002）．カカオ摂取の脳機能に及ぼす影響，第7回チョコレート・ココア国際栄養シンポジ

ウム.
横越英彦（2003），カカオ摂取の自律神経に及ぼす影響，第8回チョコレート・ココア国際栄養シンポジウム.
横越英彦（2004），チョコレートのリラックス効果，第9回チョコレート・ココア国際栄養シンポジウム.

4 チョコレートのおいしさ

　食べ物としてのチョコレートの第一の特性は, 何といっても「おいしさ」で, それがチョコレートの最大の魅力である. チョコレートの健康効果をもたらすのはポリフェノールやアルカロイドなどであり, それがチョコレートの魅力の1つでもある. しかしいずれも強い渋味や苦味を示すので, それが「食べ物としてのチョコレート」を味わいたい消費者の要求を第一義的に満たしているとはいえないであろう. そこで, チョコレート製造に携わる人々は, 競って自社製品の「おいしさ」を追求している.

　しかしあらためて「チョコレートのおいしさを決める要因は何か」と問われると, チョコレートを作っている専門家のあいだでもたくさんの異なる意見が出るであろう. その理由は, チョコレートの成り立ちが複雑なことと, チョコレート製品が, 板チョコレート, チョコレートスナック, 生チョコレート, フィリングチョコレート, スイート・ミルク・ホワイトチョコレートなど, 多様なためである. たとえば, チョコレートで中身を包んだフィリングチョコレートでは, 食べた直後にチョコレートとフィリングが混ぜ合わせになるので, それぞれのおいしさが複雑に絡み合ってくる.

　逆に, せっかくおいしいチョコレートを作っても, 保存中に品質劣化が生じることがあるが, そこにも多くの要因が含まれている. チョコレート中に水分はわずかしか含まれていないので, 水分を多く含む生チョコレート（ガナッシュ）を除いて, 保存中の腐敗は問題にならない. しかし適切な保存をしないと, 香りが失われる化学的変性や, ココアバターの結晶の形が変わって口どけが悪くなり, 表面が白くなる物理的変性が生じる.

　本章では, チョコレートをおいしくする要因を考察した後に, おいしさを減

じる物理化学的な現象である「ブルーム」について考察したい．

4.1 チョコレートのおいしさを決める要因

　ここでは，最も人気の高いミルクチョコレートを例にとって考える．ここであらためて，第2章で詳しく解説したチョコレートの製造プロセスを図4.1にまとめる．

　まず，熱帯雨林地方で育てたカカオの木の実（カカオポッド）から取り出したカカオ豆を，発酵させたあとで乾燥する．消費者にはあまり知られていないが，実はこの「発酵」がきわめて重要で，それなしではチョコレートの香りと味が出ない．

　乾燥された豆は，船で工場まで輸送される．工場で豆が選別され，目的の味に合うようにさまざまな種類の豆をブレンドしたあとで焙炒（ロースト）し，

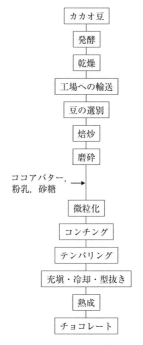

図4.1　ミルクチョコレートができるまで

4.1 チョコレートのおいしさを決める要因

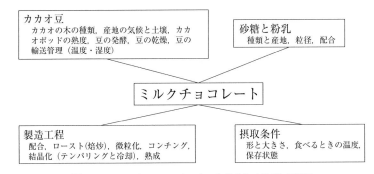

図 4.2 ミルクチョコレートのおいしさを決める 18 の要因

豆の中身（ニブ）を磨砕し，ココアバターを加えてカカオマスを作る．そこに，固体粉末の砂糖と粉乳を加える．その後，レファイナーと呼ばれる装置で微粒化し，コンチェで練り上げ，テンパリング（調温）後に型に入れてココアバターを結晶化させる．そのあとに型から抜いて包装し，熟成させて完成となる．

できあがったチョコレートのおいしさは，口の中で滑らかに融ける物理的性質と，それに伴って現れる味と香りの化学的性質で決まる．前者が「口どけ」である．それは，ココアバターの結晶に閉じ込められた味と香りの成分を口中に解き放つ速さと，結晶が融けるときに奪われる熱による清涼感によって左右される．一方，ミルクチョコレートの主な味覚には苦味，甘味，酸味などがあるが，チョコレートの特徴は苦味と甘味がうまくミックスしているところにある．また，香りには多くの成分が関与し，豆そのものに含まれる成分が発酵と焙炒（ロースト）によってさらに複雑化して 1000 種類以上の香りの成分のハーモニーができあがる．

これらの味と香りの中身に優先順位はなく，すべてが調和してそれぞれのチョコレートのおいしさを形作っているが，筆者らは，ミルクチョコレートのおいしさを決める要因として，さしあたり 4 つのグループにまとめられた 18 項目を指摘し，以下にそれぞれについて簡潔に検討する（図 4.2）．

4.1.1 カカオ豆

何といっても重要なのは，カカオ豆に由来する要因である．

● コラム 10　カカオの種類 ●

　カカオの木の種類に関する通説が，クリオロ，フォラステロ，トリニタリオである．クリオロはスペイン語で「その土地固有のもの」という意味で「原種」を意味し，フォラステロは英語の foreign に対応して「外来種」を意味し，トリニタリオはクリオロとフォラステロの混合種で，カリブ海のトリニダード島で生まれたためにそう呼ばれている．

　この分類に対して，カカオの研究者のあいだでは，最新の遺伝子解析手法を駆使した論争が行われている．たとえば，2008 年にはアメリカ農務省と食料品会社のマースの研究者たちが，アマゾン地方のカカオの木の遺伝子解析を行った結果として，カカオの分類が従来のクリオロ，フォラステロ，トリニタリオではなく，Maranon, Curaray, Criollo, Iquitos, Nanay, Contamana, Amelonado, Purus, Nacional, Guiana の 10 種類であるべきだという主張をしている（Motamayor *et al.*, 2008）．また，2010 年には *Theobroma cacao* の遺伝子が解読された（Argout *et al.*, 2011）．これらの研究はカカオの分類学にとどまらず，病害に強いカカオに向けた品種改良につながると期待されている．

　カカオ豆の種類がチョコレートの味の最大の決め手となるので，いくつかのカカオ生産国（ガーナ，ベネズエラ，メキシコなど）ではカカオを自国の遺伝資源として管理・研究している．ここでは，筆者が訪問したメキシコのカカオ農園や国立森林農水産研究所（Instituto Nacional de Investigaciones Forestales Agricolas y Pecuarias, INIFAP）での見聞を紹介する．INIFAP では，カカオの起源ではなく，中南米の 8 つの国と協力して，カカオの木の遺伝子データバンクを管理している．興味あることに，クリオロ系とそれ以外の種類のカカオ農園は離れた場所で管理され，前者はウイルス性病害（モニリア）に弱いので，農園の外側の 1 列の木はモニリア耐性の強い木で囲ってある（バイオフェンス）．

　写真左には，チャパス州のカカオ農家で採取した豆の断面図を示す．1 つのカカオポッドに含まれる豆の断面は一様ではない．左から数えて 4～6 番目は中身が白いが，他はポリフェノールに起因する紫色である．すなわち，これはクリオロとフォラステロの混在種のトリニタリオと思われる．一方，写真右には INIFAP のクリオロ農園で採取した豆の断面を示すが，すべてが白いので純粋なクリオロであった．

[佐藤清隆]

文　献

Motamayor J. C. *et al.* (2008) *PLoS ONE*, 3(10)：e3311.
Argout X. *et al.* (2011) *Nature Genetics*, **43**, 101-108.

a. カカオの木の種類

第2章で詳しく述べたように，カカオの木の分類として，フォラステロ，トリニタリオ，クリオロが広く知られている．味の特徴として，フォラステロは苦味や渋味が強く，クリオロは渋味が抑えられて深い香りが特徴である．トリニタリオは，どちらかといえばフォラステロに近い．

b. 産地の気候と土壌

同じ種類のカカオの木でも，産地によって大きく味と香りが異なることは，チョコレート製造にかかわる人々の常識となっている．気温，土壌，水，さらには発酵や乾燥の条件が産地で異なるからである．それを詳しく述べるスペースはないが，以下に一例を紹介する．

スペインのバルセロナに本拠をおき，日本にも3つの支店を持つカカオサンパカ社は，クリオロだけを使ったチョコレートを販売することで有名である．

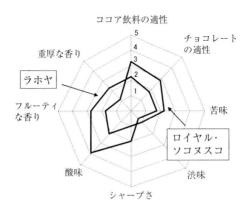

図 4.3 「ロイヤル・ソコヌスコ」とラホヤ農園のカカオ豆の比較

この店では，メキシコのタバスコ地方のラホヤ（La Joya）農園と，チャパス地方の農家が育てている「ロイヤル・ソコヌスコ」と呼ばれるカカオ豆を比較して，同じクリオロでも産地によって味が異なることを，いくつかの指標を用いて評価している（図4.3）．カカオの木と産地には幾通りもの組み合わせがあるということになる．したがって，チョコレートの製品の差別化のためにカカオ豆の産地を明示する製品があるが，そこには十分な根拠がある．

c. カカオポッドの熟度

カカオポッドは，カカオの花が受粉してから数か月で熟す．十分に熟した状態のカカオポッドからカカオ豆を生産者が収穫すれば問題はないが，往々にして早めに収穫してしまうことがある．そうなると，その後の発酵などで工夫しても，品質は向上しない．

d. 豆の発酵

第2章で述べたように，カカオ豆の発酵がチョコレートにとってきわめて重要であるが，発酵が不十分な場合でも，過度に発酵させてもよくないので，最適な発酵が行われているかどうかが第一の問題である．さらに，産地により発酵に関与する微生物の種類や環境も異なる．したがって，ほとんどの場合，産地ごとに豆の発酵が異なり，同じ産地でも，村1つ離れれば異なるし，同じ農家でも庭先と農園の中でも異なる．

したがって，発酵を正確に揃えて同じ品質の豆を入手するためには，生産者と十分に打ち合わせて，発酵条件を揃えるための努力が欠かせない．最も徹底した発酵の管理は，最適な発酵条件（温度や時間）を調べ，さらに発酵に関与する微生物群を同定・単離し，大量培養して，それを生産者に供給することである．最近では，そこまで発酵を管理するカカオ生産ビジネスも研究されはじめている．

e. 豆の乾燥

カカオ豆の製造過程で発酵から乾燥までは連続しているので，乾燥のタイミングは発酵の停止と関係するとともに，乾燥後の豆に含まれる水分含量にも影響する．したがって乾燥の過不足も豆の品質を大きく左右する．

乾燥法では，天日乾燥と熱風による強制乾燥でも違いも生じる．後者の場合

は，木材や石油を燃やした熱風を直接カカオ豆にあてると不要な臭いを吸着させるので，熱風を通したパイプに外から風を送る「間接加熱」をしなければならない．

f. 豆の輸送管理（温度・湿度）

産地国において適正に乾燥されたカカオ豆でも，輸送時に水濡れが発生するリスクがある．

第2章で解説したが，熱帯地方で生産されたカカオ豆は主なチョコレート消費国である温帯地方へ海上輸送される．さらにカカオ収穫時期は北半球の冬に相当するため，カカオ豆は輸送に伴って冷却される．このとき，カカオ豆が密閉された容器・空間で輸送されると，冷却に伴って周囲の湿度が高まり，場合によっては露点を下回り結露を生じる．そうすると，部分的に高水分となったカカオ豆にはカビ発生の危険が高まり使用できなくなる．したがって，カカオ豆の輸送には通風をよくするなどの配慮が非常に重要である．

4.1.2 砂糖と粉乳

a. 種類と産地

砂糖の原料にはサトウキビとテンサイがあり，そこに含まれる甘味成分がわずかに異なる．とくに，テンサイには数％のオリゴ糖が含まれている．したがって，原料と生産地により甘味が異なるのは当然である．いわゆる「高級チョコレート」を作るために，砂糖の原料を特定の農家に委託契約生産をしているメーカーもある．また，一部では，「糖質忌避」のために体に吸収されない甘味料も使われている．

粉乳の場合，そのもととなるミルクの成分が動物（ほとんどが牛であるが，中東のラクダなどを使ったミルクチョコレートもある）と生育場所で異なるのは当然である．「世界一の品質のチョコレート」を標榜するスイスが，「高地の牧場で育ち不飽和脂肪酸の多い草を食べているので，おいしいミルクができるし，ミルクチョコレートもおいしい」と主張することに根拠がないとはいえないであろう．とくに重要なのは牛の品種と飼料である．また，搾乳時期によっても成分が異なり，風味にも影響する．

さらに，ミルクを粉末化する過程も重要で，乾燥方法（装置，運転条件など）でミルクのフレーバーや含有成分（ラクトースなど）の状態や乳脂肪の存在状態も変わってくる．現在はスプレードライが主流であるが，真空乾燥法や加熱の程度などにより，組成は同じでも風味の大きく異なる粉乳が得られる．チョコレートメーカーは，目的とするミルクチョコレートの品質に合わせて，使用する粉乳を選択している．

b. 粒径

融かした状態でも固めた状態でも，チョコレートの中の砂糖や粉乳は固体状の粉末である．したがってその粒径は，融けたチョコレートの粘性を左右するし，口に入れたときの味の変化にも大きく影響する．現代の工場における製造工程では，レファイナーにより，最初は数百 μm だった砂糖や粉乳，カカオマス粒子を約 20 μm 以下まで粉砕する．

チョコレート中の固体粒子の粒径の制御は，製造技術における大きなノウハウである．たとえば，「ベルギーのチョコは，固体粒子は数 μm 以下になっている．だからおいしいのだ」と主張するベルギーの研究者もいる．

c. 配合

砂糖と粉乳の添加量が味の決め手であることは，いうまでもない．

4.1.3 製造工程

これまで述べた条件を同じにした場合でも，チョコレートの製造工程における「配合，ロースト，微粒化，コンチング，結晶化（テンパリングと冷却），熟成」が，チョコレートのおいしさに決定的に関与することはいうまでもない．その詳細は第 2 章で説明したので，ここでは繰り返さないことにする．

なお，配合には「油脂のブレンディング」が含まれる．それは，ココアバターに加えられるさまざまな代用脂をブレンドする技術である（Timms, 2010）．日本では欧米に比べて，チョコレート中にココアバター以外に加えられるチョコレート代用脂の量に自由度が高い．そのことによって，口どけの改良，ファットブルームの耐性向上などの機能性が発揮される．

4.1.4 摂取条件

最後に重要な要因が，チョコレート製品の形と大きさや，食べるときの温度，さらにはチョコレートの保存状態である．

「形と大きさ」は直接的には口どけと関係する．たとえば，厚くて大きな塊と，薄く広がったチョコレートでは，口に入れたときの熱の伝わり方が異なり，前者より後者が早く融けるので，口中に広がる味や香りの変化がよりダイナミックである．しかし，薄いチョコレートの場合には，パリッと割れるスナップ性が失われやすい．そこで，たとえばココアバターに類似して融点が高くて固まりやすい油脂（ココアバター代用脂）を添加するなどの工夫をする場合がある．

チョコレートを食べるときの温度も，口どけに関係する．温度が高すぎれば口に入れてからの清涼感に乏しく，また冷たすぎれば融けにくく，ココアバターが融けはじめる前に咀嚼を始めてしまうので，舌の上での口どけを味わいにくくなる．最もおいしく感じるチョコレートの温度は15〜25℃である．したがって，やむをえず冷蔵庫で保存する場合は，冷蔵庫から出して数分放置して温度を室温に近づけてから食べるのがよい．

さらに細かいことをいえば，口に入れてからすぐに噛んだりすると，せっかくの味覚変化のダイナミクスが味わえない．水分の多い生チョコレートを除いて，チョコレートの全体を占めているのはココアバターの結晶であるから，口に入れれば，まずココアバターに溶けている香味を強く感じる．そのうちに唾液が流れ出て，舌でチョコレートを混ぜるあいだに乳化が始まり，水に溶ける香味が出てくる．たとえばミルクチョコレートの場合，ミルクの風味はしばらくたってから現れる．そのようなダイナミックな味の変化を楽しむためには，いきなり噛まないで，チョコレートが融けて香味が変化する様子をじっくりと味わうことが望まれる．ナッツ入りチョコレートの場合も，そのように味わってからナッツを噛むと，おいしさが深みを増す．

最後は「チョコレートの保存」で，温度と環境が重要である．とりわけ，表面が白くなる「ファットブルーム」問題は保存温度が高いと顕著になる．そのメカニズムと防止法については次節で詳しく考察する．

一般的には，低温でチョコレートを保存すると変性が進行しにくいが，気を

♠ コラム 11　固体脂含量の温度変化 ♥

　チョコレートの口どけを決めるのは，油脂結晶の融解挙動である．定量的にそれを示すのが，油脂結晶の固体脂含量（solid fat content, SFC）の温度変化（SFC 曲線）である．固体脂含量とは，油脂中に含まれる結晶成分の割合（%）で，核磁気共鳴法（NMR）によって簡便に測定できる．口どけを決めるのは，SFC 曲線の勾配と油脂結晶の大きさである．

　図には，4 種類の油脂の SFC 曲線を模式的に示す．実線がココアバターで，カカオ産地の平均温度によって多少のずれがあり，高温地帯ほど SFC は高くなる．ガーナなどの西アフリカ産のカカオの場合は，20℃ の SFC は約 82% である．この値は，ココアバターに含まれる飽和脂肪酸のパルミチン酸（P）やステアリン酸（S）と，不飽和脂肪酸であるオレイン酸（O）が主成分のトリアシルグリセロール（POP, POS, SOS）に起因する．残りの約 18% は，オレイン酸やリノール酸（L）を含む低融点のトリアシルグリセロール（POO, POL など）である．

　ココアバターの SFC は温度上昇とともにゆっくりと低下するが，27℃ あたりで曲線の勾配が急になり，34℃ 付近で 0 になる．この SFC 曲線が，チョコレート油脂として最も理想的である．その理由は，第一に 25～26℃ 以下の室温で SFC が高いままなので，硬くてパリッと割れるスナップ性が現われること，第二に 27℃ 前後から急激に SFC が下がることである．融解熱がチョコレートと接している舌の部分の温度を低下させるので清涼感が生まれるが，SFC 曲線の勾配が急となり，油脂結晶の融解熱が大きいほど清涼感が大きくなる．ココアバターの場合，V 型結晶の融解熱と SFC 曲線は，最も口どけを良くする条件を揃えている．第三に，34℃ 前後で SFC が消失するので，食べたあとにざらつく感じの残る「ワキシー感」のないすっきりとした食感を与える．

　ココアバターにかわるチョコレート油脂（ココアバター代用脂）はさまざまなチョコレート製品に使われているが，その分子設計はココアバターが基準となる．ここでは 3 種の例を示す．

　A の場合，SFC 曲線の勾配が急なので口どけはよいが，融点が低すぎる．しかし，この代用脂は冬季用の柔らかいチョコレートに適している．B の場合，スナップ性を持たせるために室温近辺の SFC はココアバターに近いが，35℃ 以上でも SFC が 0 にならないので，ワキシー感がある．しかし，この場合でも，クッキーにコーティングする場合は，クッキーの粒子と混ざることによってワキシー感が軽減される．C の場合，油脂のブレンド状態が悪くて異なる油脂成分の結晶が段階的に融解するため SFC 曲線の勾配が緩やかになるので，口どけが悪い．

[佐藤清隆]

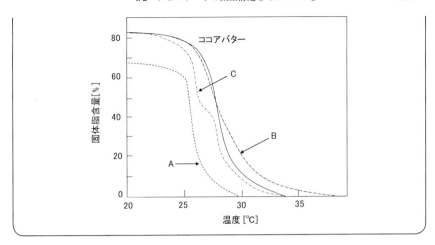

つけなければならないのは，開封したチョコレートを冷蔵庫で保存することである．そうすると，チョコレートのフレーバーが失われるだけでなく，冷蔵庫の中のさまざまな臭いがチョコレートに吸着するので，二重の意味で風味を失う．したがって，やむをえず冷蔵庫で保存する場合は完全密閉しなければならない．

上記の 18 の要因がそれぞれ独立に働くとすると，文字どおり「チョコレートのおいしさを決める要因は無限」という結論になるし，だからこそ，あちこちのチョコレートを比較して味わう楽しみが生まれてくるのである．

4.2 チョコレートの微細構造と「ブルーム」

4.2.1 チョコレートはナノメートル・レベルの複合構造体

図 4.4 に，正常なミルクチョコレートの破断面の電子顕微鏡写真を示す．全体を占めているのが厚さ数百 nm，1 辺が数 μm の鱗片状の形をしたココアバター結晶で，その中に約 20 μm 程度の大きさの砂糖粒子が埋まっているのが確認できる．この図からは同定できないが，粉乳やカカオマスも砂糖粒子と同じかそれよりも小さいと思われる．つまり，チョコレートはナノメートルからせいぜい数十 μm までの微細な微粒子からなる複合構造となっている．このな

図 4.4 チョコレートの破断面の電子顕微鏡写真（ベルギー・ゲント大学のデウェッティンク教授提供）

かで，ココアバター結晶はテンパリングを経たあとの結晶化過程で生じたもので，砂糖や粉乳などの粒子はレファイナーやコンチングによって図の大きさまで微細化された．

　ヒトの舌や口蓋がざらつき感を感知する最小のサイズは，油脂結晶や砂糖結晶などの場合は約 20 μm であることがわかっている．したがって，もし製造過程でココアバター結晶や砂糖粒子が大きなままであったり，保存中に図 4.4 に示す正常なチョコレートの状態のサイズより大きくなれば，官能的にざらつき感を与えることになる．さらに，そのような大きな粒子がチョコレートの表面に顔を出せば，光を散乱して白化する（ブルーム現象）．

　そもそも図 4.4 のような微細な結晶が集合化した状態は，熱力学的には不安定である．とりわけ，水に溶ける性質を持った砂糖粒子が，油であるココアバター結晶の中に分散していれば，それぞれの粒子のあいだの界面張力は大きくなり，粒子が小さくなればなるほど界面が占める割合が増して，分散状態の不安定性は顕著となる．溶融したチョコレートでは，そのような不安定性が粘度上昇をもたらすので，レシチンなどの乳化剤を加えて，砂糖粒子と溶融したココアバターの液体とのあいだの界面張力や摩擦力を軽減している．

4.2.2　ブルーム現象

　チョコレートの保存中に生じる「ブルーム」には，シュガーブルームとファッ

4.2 チョコレートの微細構造と「ブルーム」

図4.5 ファットブルーム（左が正常）

トブルームがある．前者では，チョコレートの表面に何らかの理由で水滴が吸着すると，中に含まれている微細な砂糖粒子が溶解し，その後の水分の蒸発によって再結晶化して表面が白化する．後者では，ココアバターの結晶がさまざまな要因で大きな結晶に成長して表面に露出し，光を散乱して白化し，内部構造も不均一化してチョコレートの滑らかさが失われる（図4.5）．

「ブルーム現象」は，本質的には油性の固体粒子（ココアバター結晶など）に水溶性の固体粒子（砂糖など）が包含されたナノメートル・レベルの複合構造体としてのチョコレートが，熱力学的には準安定状態にあることに起因している．すなわち，シュガーブルームは「油」であるココアバターと「水溶性物質」である砂糖粒子が，チョコレートの表面に吸着した水分を介して，より安定な分離した状態へ移行することである．一方，ファットブルームは微細なココアバター結晶が保存中に数十 μm 以上のサイズに成長して，微細結晶に付随する表面エネルギーの不利を解消することである．

シュガーブルームを引き起こす要因は，製造と保存の段階での不適切な湿度と温度の管理である．Timms (2010) は，次のように不適切な湿度管理を詳しく指摘している．

・多湿状態でのチョコレートの保存
・吸湿性の強い低品位の砂糖などの使用
・適切な包装なしでの低温からのチョコレートの移動
・高水分を含有したフィリングから放出した水分による結露

シュガーブルームに比べると，ファットブルームが形成するプロセスはより複雑で，これまでに多くの研究が蓄積され，成書や総説にまとめられている (Sato and Koyano, 2001；Lonchampt and Hartel, 2001；Timms, 2010；Widlak

コラム 12　ファットブルームの解析法

　ファットブルームの解析法には，発生を確認する簡便なものから，メカニズムを解明するための精密分析法まである．以下に，それぞれの方法の概略を紹介する．

1. チョコレートの表面観察
・目視観察
　ファットブルームの発生を最も簡便に確認する方法．まず，初期過程では表面の艶がなくなり，続いて白濁が始まる．いずれも，ブルームによって数 μm から数十 μm の大きさにまで粗大結晶が成長したためである．
・プロフィロメトリー（profilometry）
　表面からの反射光をモニターして凹凸を識別する方法で，印刷技術などの手法を応用したもの．ブルームによって粗大結晶が表面から突起するとともに，その周辺が陥没する様子を捉えることができる（Dahlenborg *et al.*, 2011；Rousseau *et al.*, 2010）．
・走査型電子顕微鏡（scanning electron microscopy, SEM）
　チョコレートの表面に電子ビームを照射し，表面から放出される 2 次電子や反射電子を検出することによって凹凸を検知する方法（Dahlenborg *et al.*, 2011）．
・原子間力顕微鏡（atomic force microscope, AFM）
　走査型プローブ顕微鏡の一種で，探針と試料の原子の間に働く力を検出して表面の凹凸を検知する方法．SEM のように真空中に試料を置く必要がなく，大気中でファットブルームの形成機構を時間的に追跡することができる（Sonwai *et al.*, 2010）．

2. 結晶多形転移
・X 線回折
　ファットブルームを誘起するココアバターの V 型から VI 型への多形転移を最も確実に検知する方法．2 つの結晶多形の相違は，粉末試料を用いた回折パターンの中の短面間隔に現れるが，図に示すようにわずかな差異しか認められないので，注意深く X 線回折パターンを観察する必要がある（Sonwai *et al.*, 2010）．
・示差走査熱量測定（differential scanning calorimetry, DSC）
　基準物質と測定試料とのあいだの熱量の差を計測することで，融点などを測定する熱分析の手法．ココアバターの結晶多形が V 型から VI 型へ転移するにつれて融点も上昇するので，DSC によってブルームによる融点上昇を確認できる（Rousseau *et al.*, 2010）．

［佐藤清隆］

文　献

Dahlenborg, H. et al. (2011). *J. Am. Oil Chem. Soc.*, **88**, 773-783.
Rousseau, D. et al. (2010). *J. Am. Oil Chem. Soc.*, **87**, 1127-1136.
Sonwai, S. et al. (2010). *Food Chem.*, **119**, 286-297.

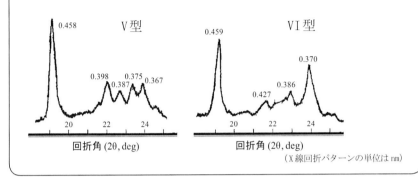

(X線回折パターンの単位はnm)

and Hartel, 2012；Kinta and Hatta, 2012；Kalnin, 2012). ココアバターを用いたチョコレートのファットブルームについては，以下のように整理して考えることができる．

a. チョコレートのタイプ（図4.6）

板チョコレートのようにフィリングなどを含まない製品の場合は，ファットブルームはココアバターに含まれる高融点油脂（POP, POS, SOS）の結晶が微結晶から粗大結晶へ成長することによって発生する．

一方，ナッツ入りチョコレートや，プラリネのようにチョコレートのセンターに低融点の植物油を含むフィリングを含む場合は，フィリングからの低融点油脂(たとえばオレイン酸やリノール酸を多く含むトリアシルグリセロール成分)

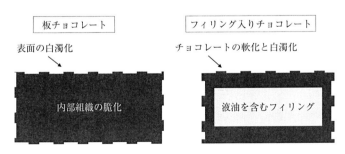

図4.6　2種類のチョコレートとファットブルーム

がチョコレート側に移動し,逆に,チョコレート側からはココアバターのトリアシルグリセロール成分が移行する.チョコレートの側では液体油が入り込むことによって油脂分子の拡散が促進されるので,以下に示す粗大結晶の形成が促進されファットブルームが起きやすくなる.これを「油脂移行型ファットブルーム」という.この現象は,クッキーやビスケットなどと組み合わされたチョコレートでも発生するが,その理由はバターやショートニングに含まれる低融点油脂が移行するからである.

「油脂移行型ファットブルーム」では,油脂移行によるチョコレート中の低融点油脂成分の濃度の増加と粗大結晶化が同時に進行するが,油脂移行を促進する駆動力は,フィリングなどに含まれる液油の融点とココアバターの融点との差である.ココアバターの融点はカカオ豆の産地で多少変動するが,フィリング中の液油の融点は,その脂肪酸成分によって大きく変動する.したがって,油脂移行を抑制しようと思えば,なるべく融点の高い液油を用いることが望ましい.

b. 保存温度

ファットブルームに最も大きな影響を与えるのが,保存温度である.Kinta and Hatta (2012) は,チョコレートを融解温度以下の比較的低温で保存した際,テンパリングをしないで冷却固化した場合とテンパリングが不十分な状態で作成した場合では,チョコレート表面の白化の状態が異なることを見出している.図4.7は,比較的低温で保存したチョコレートで発生したファットブルームの電子顕微鏡写真である.

チョコレートのファットブルームに及ぼす温度の効果は,次のようにまとめられる.

(1) チョコレート中のココアバターに含まれる低融点成分の濃度が,温度によって変動する.とりわけ,固体脂含量(solid fat content, SFC)が50%以下になる25〜28℃以上では,急激に液油の濃度が増加する.それが結晶の粗大化を促進する要因となる.

(2) 後述する2つの結晶粗大化(多形転移とオストワルド熟成)の速さが温度上昇により増加する.とくに,より安定な結晶多形への変化は温度に

図 4.7 ファットブルームを起こしたチョコレート表面の電子顕微鏡写真(森永製菓,金田泰佳氏提供)

敏感である.
(3) 油脂移行は液油成分がチョコレートの中を拡散する過程を伴うので,その速度も温度とともに著しく上昇する.
(4) 昇温-冷却を繰り返す温度ゆらぎも,ファットブルームを促進する.その理由は,温度上昇により多形転移や準安定な多形結晶の融解(あるいは液油への溶解)が促進され,冷却によってより安定な多形結晶の成長が促進されるからである.

結論的にいえば,ファットブルームの防止のための目安となる保存温度は,板チョコレートの場合は28℃以下,フィリングタイプの場合は21℃以下とされている.後者の方が低い理由は,油脂移行速度が温度にきわめて敏感なためである.

c. チョコレートの固化状態

チョコレート中のココアバター結晶のネットワークが緻密であるかどうかが,ファットブルームの発生頻度に関連している.たとえば,チョコレート中に残存する細長いチューブ状の空隙がチョコレート表面に露出する場合は(図4.8),チョコレートが低温から高温に温度変化してSFCが低下したとき,融解して密度低下して膨潤した液体成分がチューブを通って表面に露出し,そのまわりから局所的にファットブルームが発生することが観察されている.ル

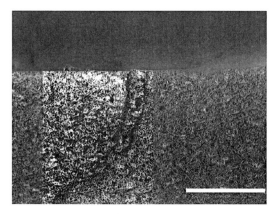

図4.8 チョコレートの内部から表面につながるチューブ状の空隙(カナダのライアソン大学のルソー教授提供.Rousseau and Smith (2008))
白線の長さ 100 μm.

ソーらは原子間力顕微鏡を駆使してそのような現象を観察し,乳脂の添加がチョコレートの不均質なテクスチャーに起因するファットブルームを抑制することを報告している (Rousseau and Smith, 2008 ; Rousseau, 2006 ; Sonwai and Rousseau, 2008).

さらに,剪断力を加えてココアバター結晶のサイズと配向を揃えて稠密な結晶ネットワークにした場合は,そうでない場合に比べて油脂移行速度が低下してファットブルームの発生が抑制されたという観察も報告されている (Sonwai and Rousseau, 2010).

d. 粗大結晶形成のメカニズム

ファットブルームの「正体」は保存中のココアバターの粗大結晶の形成であるが,それにはココアバターの結晶多形の転移を伴う場合と,伴わない場合がある (図4.9).

ココアバターの結晶多形の転移を伴うファットブルームは,以下のように整理できる (Sato and Koyano, 2001).正常なチョコレートの中のココアバター結晶は2番目に安定なV型の結晶となっているが,それが後述する熱的な刺激によって最も安定なVI型に転移し,それに伴って微細なV型結晶から新し

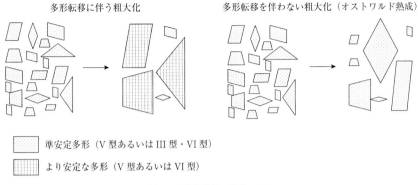

図 4.9 粗大結晶の形成モデル

く生じた VI 型結晶にココアバターの分子が拡散して VI 型結晶が粗大化するために生じるブルームである.

なお,多形転移は V 型から VI 型への転移に限らない.たとえばテンパリングが不十分で,ココアバター結晶がより不安定な III 型や IV 型で結晶化した場合(アンダーテンパリング),保存中にそれらよりも安定な V 型に転移する.結晶多形の転移には,転移前後の結晶中の油脂分子のパッキングの再配列を伴う.油脂結晶中の分子のパッキングは,多形の安定性が高まるほど密になるので,多形転移の速度はより安定な多形へ移行するほど遅くなる.したがって,ココアバターの場合には,III 型や IV 型から V 型への転移は V 型から VI 型への転移よりも速い.そのため,アンダーテンパリングが原因となって生じるファットブルームが出現する時間は短くなる.

ココアバターの結晶多形転移を伴わないファットブルームは,小さな結晶から大きな結晶へトリアシルグリセロール分子の移行が生じて,大きな結晶が小さな結晶を「食べて」粗大化するために生じる.これは,サイズの異なる固体やエマルション粒子,あるいは気泡を含む系で生じる「オストワルド熟成」である.そのための駆動力は,小さな結晶が大きな結晶に比べて表面(あるいは界面)エネルギーが余剰にあり,系全体のエネルギーを最小にするために微細なサイズの結晶が消失して粗大結晶化が進行することにある.

ファットブルームが図 4.9 のどちらのメカニズムで生じているかを判断する

には，表面観察だけでは不十分で，X 線回折や熱測定法などによってココアバターの結晶多形を決定する必要がある．しかしいずれの場合も，粗大結晶化がチョコレートの表面で起こり，光を散乱するサイズまで進行すれば白化するし，チョコレート内部においても粗大結晶の周囲では微細結晶が消失するので空隙が生まれ，稠密なテクスチャーが消失する．それに加えて，多形転移が生じてココアバターの VI 型結晶が発生すれば，融点が 36℃ 以上まで上昇するので，口どけも悪くなる．

e. ファットブルーム形成のメカニズムと防止法

以上より，ファットブルーム形成のメカニズムを，図 4.10 のようにまとめることができる．これをもとに，ファットブルームの防止法として以下の指針があげられる．

・保存温度の低下
・油脂成分の調節（固体脂-フィリング油脂）
・液油の移動速度の抑制
・ブルーム抑制剤の使用（乳化剤，乳脂）
・結晶性の向上（最適テンパリング，種結晶の使用）
・ココアバター代用脂の利用

このなかで，最終的な結晶の粗大化に焦点を絞ってチョコレートに添加されるのが，ココアバターの結晶を微細化するとともに，粗大結晶への成長を抑制する食品乳化剤である．理想的な乳化剤に求められるのは，ココアバターの結晶

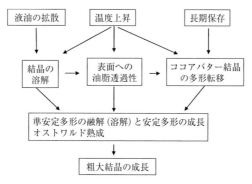

図 4.10　ファットブルーム形成のメカニズム

核形成を促進して結晶を微細化して結晶ネットワークを強化し,ココアバターの結晶成長を抑制して粗大結晶化を防止し,ココアバターのV-VI転移を遅延させて,多形転移に伴うファットブルームを抑制することである.

〔佐藤清隆・古谷野哲夫〕

文　献

Kalnin D. (2012). *Cocoa Butter and Related Compounds* (Garti, N. and Widlak, N. R. (eds.)), pp. 307-337, AOCS Press.
Kinta, Y. and Hatta, T. (2012). *Cocoa Butter and Related Compounds* (Garti, N. and Widlak, N. R. (eds.)), pp. 195-212, AOCS Press.
Lonchampt, P. and Hartel, R. W. (2001). *Eur. J. Lipid Sci. Technol.*, 106, 241-274.
Marangoni, A. G. et al. (2012). *Soft Matter*, 8, 1275-1300.
Rousseau, D. (2006). *LWT-Food Sci. Technol.*, 39, 852-860.
Rousseau, D. and Smith, P. (2008). *Soft Matter*, 4, 1706-1712.
Sato, K. and Koyano, T. (2001). *Crystallization Processes in Fats and Lipid Systems* (Garti, N. and Sato, K. (eds.)), pp. 429-456, Marcel Dekker.
Sonwai, S. and Rousseau, D. (2008). *Cryst. Growth Des.*, 8, 3165-3174.
Sonwai, S. and Rousseau, D. (2010). *Food Chem.*, 119, 286-297.
Timms, R. E. 著,佐藤清隆監修,蜂屋　巌訳 (2010). 製菓用油脂ハンドブック,幸書房.
Widlak, N. R. and Hartel, R. W. (2012). *Cocoa Butter and Related Compounds* (Garti N. and Widlak, N. R. (eds.)), pp. 173-194, AOCS Press.

索　　引

欧　文

AIN93 精製飼料　85
Ames 試験　112
AMPK　123
BMI　83
C56 マウス　110
C57BL6/J マウス　120
DASH（dietary approaches to stop hypertension）　94
DPPH ラジカル　107
GLUT4　117
HDL コレステロール　119
KHC ウサギ　110
LDL コレステロール　119
ORAC（oxygen radical absorbance capacity）法　104
SFC（solid fat content）　142
TNF-a　112
X 線回折　140

あ　行

アイリガンディ島　95
アステカ族　7
アセチルコリン　88
アディポサイトカイン　118
アトウォーター法　86
アルカリ化　14
アルカロイド　127
アルツハイマー型認知症　88
アンダーソン　87
アンダーテンパリング　145
アンリ・ネスレ　17

イニシエーション　114
インスリン感受性　97

インスリン抵抗性　97, 117
ウィノーイング　47
エアレーション　72
（−）-エピカテキン　106
炎症性のサイトカイン　118
炎症反応　119
エンローバー　70

オストワルド熟成　142, 145
オルメカ文明　6
オレイン酸　136

か　行

回転釜　72
カカオサンパカ社　131
カカオ酒　8
カカオの脱脂技術　13
カカオパルプ　3
カカオ分　52
カカオポッド　3, 128, 132
カカオポリフェノール　90
　──の生体内動態　80
カカオマス　23, 48, 75, 90, 106
カカオ豆乾燥　39
カカオ豆クリーニング　42
カカオ豆抽出物　123
カカオ豆発酵　33
活性酸素種　102, 122
活性酸素・フリーラジカル　102
カテキン類　105
ガナッシュ　127
カフェイン　8, 124
芽胞細菌　36
カリウム　96
乾燥　132

肝ミクロゾーム　107
がん抑制　80
がん予防　92

キサンチン誘導体　124
強制乾燥　40
キリスト再臨派　92

クナ族　95
クラウン　54
クリオロ　26, 130, 131
グルクロン酸抱合　109
グルクロン酸抱合体　80
クロスオーバー試験　97

慶長遣欧使節　75
血圧降下　96
結晶多形転移　140
結晶多形　144
原子間力顕微鏡　140

抗う蝕効果　79
抗炎症性サイトカイン　118
高血圧　95
高血圧自然発症ラット　76
口腔内衛生改善効果　78
抗酸化酵素　103
抗酸化作用　77
抗酸化性　102
抗酸化単位研究会　104
抗酸化ビタミン　103
抗酸化フードファクター　104
高脂肪食　120
抗ストレス効果　88
降伏値　65
抗変異原活性　112
酵母　36
ココアバター　75, 82

ココアバター代用脂 146
固体脂含量 136, 142
黒果病 32, 33
コールドプレス 68
コンチング 18, 55

さ 行

臍帯動脈内皮細胞 112
酢酸菌 36
酸化ストレスバイオマーカー 104
ジェノパール® 120
示差走査熱量測定 140
歯周病 121
歯周病予防効果 79
脂肪滴形成 123
7,12-ジメチルベンズ[a]アントラセン 114
シュガーブルーム 138
縮合型タンニン 106
種結晶添加法 64
消化管病原細菌抑制効果 79
食物繊維 76
ジョン・フライ 14
神経伝達物質 88
心疾患 100

膵外分泌応答 84
スイートチョコレート 23
水溶性食物繊維 76
ステアリン酸 136

生活習慣病 102
世界保健機構 100
赤血球膜 107

走査型電子顕微鏡 140

た 行

体脂肪率 83
体重増加量 85
多臓器発がんモデル 116
ダッチ・プロセス 14
ダニエル・ペーター 15
多量体 106

腸内細菌 110
チョコスナック 73
チョコレート生地の種類 50

接木 26

低密度リポタンパク質 111
テオティワカン文明 7
テオフィリン 124
テオブロマ（神の食べ物） 12
テオブロミン 8, 90, 124
デザイナーフーズ 92
鉄 81
12-O-テトラデカノイルフォルボール-13-アセテート 115
天狗巣病 32, 33
テンパリング 20, 61, 145
テンパリングマシン 63
天日乾燥 39

糖尿病 100
ドゥボーヴ・エ・ガレ 14, 16
トリアシルグリセロール 136
トリニタリオ 26, 130, 131

な 行

ナーサリー 26
ナトリウム 76, 96
生チョコレート 127

2型糖尿病 123
2段階皮膚発がん試験 115
ニトロチロシン 107
ニブロースト法 45, 46
乳化剤 146
乳酸菌 36
乳脂 146
認知症 102

粘度 65

脳卒中 100

脳内神経細胞 103
脳内神経伝達物質 124

は 行

バイオフェンス 130
胚乳（カカオニブ） 3
白色脂肪細胞 117
白内障 117
支倉六右衛門常長 75
発がんイニシエーター 116
発酵 132
パルプ 33
パルミチン酸 136

日陰樹 28
非栄養素 93
ピエドラ修道院 9
8-ヒドロキシデオキシグアノシン 122
4-ヒドロキシ-2-ノネナール 111
ヒープ法 34
ビペホルム・スタディ 78
肥満 83

ファットブルーム 138
ファン・ハウトゥン 13
フィリップ・スシャール 15
フィリング 139
フォラステロ 26, 130, 131
フードファクター 94
フラバン-3-オール 120
ブルーム 137
フレーク 54
フレンチ・パラドックス 77
プロオキシダント 116
プロシアニジン 120
プロシアニジンB2 110
プロシアニジン類 105
プロフィロメトリー 140
プロモーション過程 114
分割コンチング 50
粉乳 133

ヘテロサイクリックアミン 112

索引

ベラクルス 95
ヘリコバクター・ピロリ菌 79
ベントン 87

ボックス発酵法 34
ポッドストレージ 38
ポブレー修道院 10
ポリフェノール 77, 127
ボールミル 59

ま 行

マイラード反応 37, 43
3T3-L1 マウス由来前駆脂肪細胞 119
マグネシウム 81
豆ロースト法 44, 45
マヤ文明 7
マリー・アントワネット 16

みかけ粘度 65

ミネラル 81

メタアナリシス 100
メタボリックシンドローム 119
メチル化体 80
メチルキサンチン 124
免疫機能 80

モニリア 32, 33, 130
モリニーヨ 11
モルモン教徒 92

や 行

融液媒介転移 63
油脂移行型ファットブルーム 141
輸送管理 133

ら 行

ラット肝ミクロゾーム 112

ラホヤ農園 132
リグニン 76
リパーゼの分泌 84
硫酸抱合体 80
流動特性 65
リンネ 12

ルドルフ・リンツ 19

レファイナー 19, 52
レファイナーコンチェ 60

ロイヤル・ソコヌスコ 132
ロースト 43

わ 行

ワンショットデポ 69

著者略歴

大澤俊彦（おおさわ としひこ）
1946年　兵庫県に生まれる
1974年　東京大学大学院農学系
　　　　研究科博士課程修了
現　在　愛知学院大学心身科学部教授
　　　　農学博士

木村修一（きむら しゅういち）
1929年　栃木県に生まれる
1961年　東北大学大学院農学
　　　　研究科博士課程修了
現　在　東北大学名誉教授
　　　　昭和女子大学名誉教授
　　　　農学博士

古谷野哲夫（こやの てつお）
1956年　神奈川県に生まれる
1982年　早稲田大学大学院理工学
　　　　研究科修士課程修了
現　在　（株）明治大阪工場工場長
　　　　農学博士

佐藤清隆（さとう きよたか）
1946年　愛知県に生まれる
1974年　名古屋大学大学院工学
　　　　研究科博士課程単位取得退学
現　在　広島大学名誉教授
　　　　工学博士

食物と健康の科学シリーズ
チョコレートの科学　　　　　　定価はカバーに表示

2015年5月25日　初版第1刷
2017年2月10日　　　　第3刷

　　　　　　　著　者　大　澤　俊　彦
　　　　　　　　　　　木　村　修　一
　　　　　　　　　　　古　谷　野　哲　夫
　　　　　　　　　　　佐　藤　清　隆
　　　　　　　発行者　朝　倉　誠　造
　　　　　　　発行所　株式会社　朝　倉　書　店
　　　　　　　　　　　東京都新宿区新小川町6-29
　　　　　　　　　　　郵便番号　１６２-８７０７
　　　　　　　　　　　電　話　０３（３２６０）０１４１
　　　　　　　　　　　ＦＡＸ　０３（３２６０）０１８０
〈検印省略〉　　　　　　http://www.asakura.co.jp

Ⓒ 2015〈無断複写・転載を禁ず〉　　　　印刷・製本　東国文化

ISBN 978-4-254-43549-8　C 3361　　　Printed in Korea

JCOPY 〈(社)出版者著作権管理機構 委託出版物〉
本書の無断複写は著作権法上での例外を除き禁じられています．複写される場合は，そのつど事前に，(社)出版者著作権管理機構（電話 03-3513-6969, FAX 03-3513-6979, e-mail: info@jcopy.or.jp）の許諾を得てください．

元お茶の水大 小林彰夫・前明治製菓 村田忠彦編

菓子の事典

43063-9 C3561　　　　　A5判 608頁 本体22000円

菓子に関するすべてをまとめた総合事典。菓子に興味をもつ一般の人々にも理解できるよう解説。〔内容〕総論（菓子とは，菓子の歴史・分類）／原料／和菓子（蒸し菓子，焼き菓子，流し菓子，練り菓子，岡仕上げ菓子，半生菓子，干菓子，飾り菓子）／洋菓子（スポンジケーキ，バターケーキ，クッキー，パイ，シューアラクレーム，アントルメ，他）／一般菓子（チョコレート，キャンデー，スナック，ビスケット，チューインガム，米菓，他）／菓子商品の基礎知識（PL法，賞味期限，資格制度，他）

上野川修一・清水　誠・鈴木英毅・髙瀬光德・堂迫俊一・元島英雅編

ミルクの事典

43103-2 C3561　　　　　B5判 580頁 本体18000円

ミルク（牛乳）およびその加工品（乳製品）は，日常生活の中で欠かすことのできない必需品である。したがって，それらは生産・加工・管理・安全等の最近の技術的進歩も含め，健康志向のいま「からだ」「健康」とのかかわりの中でも捉えられなければならない。本書は，近年著しい研究・技術の進歩をすべて収めようと計画されたものである。〔内容〕乳の成分／乳・乳製品各論／乳・乳製品と健康／乳・乳製品製造に利用される微生物／乳・乳製品の安全／乳素材の利用／他

前お茶の水大 福場博保・元お茶の水大 小林彰夫編

調味料・香辛料の事典（普及版）

43105-6 C3561　　　　　A5判 584頁 本体22000円

調味料・香辛料の製造・利用に関する知識を，基礎から実用面まで総合的に解説。〔内容〕〈調味料〉味の科学（味覚生理・心理，味覚と栄養，味の相互作用，官能テスト）／塩味料／甘味料／酸味料／うま味調味料／醬油／味噌／ソース／トマトケチャップ／酒類／みりんおよびその類似調味料／ドレッシング／マヨネーズ／風味調味料／スープストック類，〈香辛料〉香辛料の科学（生理作用，抗菌・抗酸化性，辛味の科学）／スパイス／香味野菜（ハーブ）／薬味料／くん煙料／混合スパイス

小林彰夫・齋藤　洋監訳

天然食品・薬品・香粧品の事典
（普及版）

43106-3 C3561　　　　　B5判 552頁 本体23000円

食品，薬品，香粧品に用いられる天然成分267種および中国の美容・健康剤23種について，原料植物，成分組成，薬効・生理活性，利用法，使用基準等を記述。各項目ごとに入手しやすい専門書と最近の新しい学術論文を紹介。健康志向の現代にまさにマッチした必需図書。〔内容〕アセロラ／アボガド／アロエ／カラギーナン／甘草／枸杞／コリアンダー／サフラン／麝香／ジャスミン／ショウガ／ステビア／セージ／センナ／ターメリック／肉桂／乳香／ニンニク／パセリ／芍薬／川弓／他

おいしさの科学研 山野善正総編集

おいしさの科学事典（普及版）

43116-2 C3561　　　　　A5判 416頁 本体9500円

近年，食への志向が高まりおいしさへの関心も強い。本書は最新の研究データをもとにおいしさに関するすべてを網羅したハンドブック。〔内容〕おいしさの生理と心理／おいしさの知覚（味覚，嗅覚）／おいしさと味（味の様相，呈味成分と評価法，食品の味各論，先端技術）／おいしさと香り（においとおいしさ，におい成分分析，揮発性成分，においの生成，他）／おいしさとテクスチャー，咀嚼・嚥下（レオロジー，テクスチャー評価，食品各論，咀嚼・摂食と嚥下，他）／おいしさと食品の色

ケンブリッジ世界の食物史大百科事典〈全5巻〉

石毛直道・小林彰夫・鈴木建夫・三輪睿太郎 監訳

「食物」「栄養」「文化」「健康」をキーワードに，地球上の人類の存在に関わる重要な問題として，食の歴史を狩猟採集民の時代から現代に至るまで，世界的な規模で，栄養や現代の健康問題を含め解説した．著者160名に及ぶ大著．①「祖先の食・世界の食」②「主要食物：栽培植物と飼養動物」③「飲料・栄養素」④「栄養と健康・現代の課題」⑤「食物用語辞典」の全5巻構成．原著：K・F・カイブル，K・C・オネラス編 "The Cambridge World History of Food"

前民博 石毛直道監訳

ケンブリッジ 世界の食物史大百科事典 1
―祖先の食・世界の食―

43531-3 C3361　　　　B 5 判 504頁 本体18000円

考古学的資料を基に，狩猟採集民の食生活について述べ，全世界にわたって各地域別にその特徴がまとめられている．〔内容〕祖先の食／農業の始まり／アジア／ヨーロッパ／アメリカ／アフリカ・オセアニア／調理の歴史

東農大 三輪睿太郎監訳

ケンブリッジ 世界の食物史大百科事典 2
―主要食物：栽培植物と飼養動物―

43532-0 C3361　　　　B 5 判 760頁 本体25000円

農耕文化に焦点を絞り，世界中で栽培されている植物と飼育されている動物の歴史を中心に述べている．主要食物に十分頁をとって解説し，24種もの動物を扱っている．〔内容〕穀類／根菜類／野菜／ナッツ／食用油／調味料／動物性食物

元お茶の水大 小林彰夫監訳

ケンブリッジ 世界の食物史大百科事典 3
―飲料・栄養素―

43533-7 C3361　　　　B 5 判 728頁 本体25000円

水，ワインをはじめ飲み物の歴史とその地域的特色が述べられ，栄養としての食とそれらが欠乏したときに起こる病気との関連などがまとめられている．〔内容〕飲料／ビタミン／ミネラル／タンパク／欠乏症／食物関連疾患／食事と慢性疾患

元お茶の水大 小林彰夫・宮城大 鈴木建夫監訳

ケンブリッジ 世界の食物史大百科事典 4
―栄養と健康・現代の課題―

43534-4 C3361　　　　B 5 判 488頁 本体20000円

歴史的な視点で栄養摂取とヒトの心身状況との関連が取り上げられ，現代的な観点から見た食の問題を述べている．〔内容〕栄養と死亡率／飢饉／食物の流行／菜食主義／食べる権利／バイオテクノロジー／食品添加物／食中毒など

東農大 三輪睿太郎監訳

ケンブリッジ 世界の食物史大百科事典 5
―食物用語辞典―

43535-1 C3361　　　　B 5 判 296頁 本体12000円

植物性食物を中心に，項目数約1000の五十音順にまとめた小・中項目の辞典．果実類を多く扱い，一般にはあまり知られていない地域の限られた作物も取り上げ，食品の起源や用途について解説．また同義語・類語を調べるのに役立つ

東農大 福田靖子・中部大 小川宣子編

食生活論（第3版）

61046-8 C3077　　　　A 5 判 164頁 本体2600円

"食べる"とはどういうことかを多方面からとらえ，現在の食の抱える問題と関連させ，その解決の糸口を探る，好評の学生のための教科書，第3版．〔内容〕食生活の現状と課題／食生活の機能／ライフステージにおける食の特徴と役割／他

前東京都市大 近藤雅雄・東農大 松崎広志編

コンパクト基礎栄養学

61054-3 C3077　　　　B 5 判 176頁 本体2600円

基礎栄養学の要点を図表とともに解説．管理栄養士国家試験ガイドライン準拠．〔内容〕栄養の概念／食物の摂取／消化・吸収の栄養素の体内動態／たんぱく質／糖質／脂質／ビタミン・ミネラル（無機質）の栄養／水・電解質の栄養的意義／他

(株)ルミエール 塚本俊彦著

ボルドー・魅惑のワイン

10236-9 C3040　　　　B 4 変判 268頁 本体10000円

日本を代表するワイン醸造家が，あのボルドーの有名なシャトーすべてが加盟するボルドー・ワイン・アカデミーの全面的なバックアップでまとめた集大成．〔内容〕幸せの国ボルドー／テイスティング・ノート／ボルドー・シャトーの紹介／他

◈ 食物と健康の科学シリーズ ◈
食品の科学，栄養，そして健康機能を知る

前鹿児島大 伊藤三郎編
食物と健康の科学シリーズ
果 実 の 機 能 と 科 学
43541-2 C3361　　　　Ａ５判 244頁 本体4500円

高い機能性と嗜好性をあわせもつすぐれた食品である果実について，生理・生化学，栄養機能といった様々な側面から解説した最新の書。〔内容〕果実の植物学／成熟生理と生化学／栄養・食品化学／健康科学／各種果実の機能特性／他

前岩手大 小野伴忠・宮城大 下山田真・東北大 村本光二編
食物と健康の科学シリーズ
大 豆 の 機 能 と 科 学
43542-9 C3361　　　　Ａ５判 224頁 本体4300円

高タンパク・高栄養で「畑の肉」として知られる大豆を生物学，栄養学，健康機能，食品加工といったさまざまな面から解説。〔内容〕マメ科植物と大豆の起源種／大豆のタンパク質／大豆食品の種類／大豆タンパク製品の種類と製造法／他

酢酸菌研究会編
食物と健康の科学シリーズ
酢 の 機 能 と 科 学
43543-6 C3361　　　　Ａ５判 200頁 本体4000円

古来より身近な酸味調味料「酢」について，醸造学，栄養学，健康機能，食品加工などのさまざまな面から解説。〔内容〕酢の人文学・社会学／香気成分・呈味成分・着色成分／酢醸造の一般技術・酢酸菌の生態・分類／アスコルビン酸製造／他

森田明雄・増田修一・中村順行・角川　修・鈴木壯幸編
食物と健康の科学シリーズ
茶 の 機 能 と 科 学
43544-3 C3361　　　　Ａ５判 208頁 本体4000円

世界で最も長い歴史を持つ飲料である「茶」について，歴史，栽培，加工科学，栄養学，健康機能などさまざまな側面から解説。〔内容〕茶の歴史／育種／植物栄養／荒茶の製造／仕上加工／香気成分／茶の抗酸化作用／生活習慣病予防効果／他

前宇都宮大 前田安彦・東京家政大 宮尾茂雄編
食物と健康の科学シリーズ
漬 物 の 機 能 と 科 学
43545-0 C3361　　　　Ａ５判 180頁 本体3600円

古代から人類とともにあった発酵食品「漬物」について，歴史，栄養学，健康機能などさまざまな側面から解説。〔内容〕漬物の歴史／漬物用資材／漬物の健康科学／野菜の風味主体の漬物(新漬)／調味料の風味主体の漬物(古漬)／他

前東農大 並木満夫・東農大 福田靖子・千葉大 田代　亨編
食物と健康の科学シリーズ
ゴ マ の 機 能 と 科 学
43546-7 C3361　　　　Ａ５判 224頁 本体3700円

数多くの健康機能が解明され「活力ある長寿」の鍵とされるゴマについて，歴史，栽培，栄養学，健康機能などさまざまな側面から解説。〔内容〕ゴマの起源と歴史／ゴマの遺伝資源と形態学／ゴマリグナンの科学／ゴマのおいしさの科学／他

前日清製粉 長尾精一著
食物と健康の科学シリーズ
小 麦 の 機 能 と 科 学
43547-4 C3361　　　　Ａ５判 192頁 本体3600円

人類にとって最も重要な穀物である小麦について，様々な角度から解説。〔内容〕小麦とその活用の歴史／植物としての小麦／小麦粒主要成分の科学／製粉の方法と工程／小麦粉と製粉製品／品質評価／生地の性状と機能／小麦粉の加工／他

千葉県水産総合研 滝口明秀・前近畿大 川﨑賢一編
食物と健康の科学シリーズ
干 物 の 機 能 と 科 学
43548-1 C3361　　　　Ａ５判 200頁 本体3500円

水産食品を保存する最古の方法の一つであり，わが国で古くから食べられてきた「干物」について，歴史，栄養学，健康機能などさまざまな側面から解説。〔内容〕干物の歴史／干物の原料／干物の栄養学／干物の乾燥法／干物の貯蔵／干物各論／他

日獣大 松石昌典・北大 西邑隆徳・酪農学園大 山本克博編
食物と健康の科学シリーズ
肉 の 機 能 と 科 学
43550-4 C3361　　　　Ａ５判 228頁 本体3800円

食肉および食肉製品のおいしさ，栄養，健康機能，安全性について最新の知見を元に解説。〔内容〕日本の肉食の文化史／家畜から食肉になるまで／食肉の品質評価／食肉の構造と成分／熟成によるおいしさの発現／食肉の栄養生理機能／他

上記価格（税別）は2017年1月現在